·高等学校计算机基础教育教材精选·

Visual Basic程序设计应用教程(第二版)

王瑾德 张昌林 主编

周 强 主审

清华大学出版社

北京

内 容 简 介

本书是在第一版的基础上根据教育部计算机基础课程教学指导委员会制定的基本要求编写的。本书以 Visual Basic 6.0 程序设计语言为工具,重点介绍了面向对象的程序设计语句、常用算法和编程思想,同时也介绍了 Visual Basic 的可视化界面设计应用技术,并以图文并茂的形式给出了大量的实例。

全书共分 12 章,第 1 章为 Visual Basic 程序设计概述,第 2～12 章分别为建立简单的 VB 应用程序、VB 程序设计基础、控制结构、VB 中的数组、过程、常用控件、用户界面设计、多窗体和多文档界面、文件、图形程序设计、数据库程序设计,每一章都给出了相应知识点的习题。

本书内容丰富、通俗易懂、由浅入深、循序渐进,并配有电子教案,适用于高等学校各专业作为程序设计语言课程的教材。本书既是一本学习教材,又是一本考前辅导用书,可供各层面学生、教师、自学者阅读,也可以作为计算机等级考试培训班的教学参考书和辅导用书。

图书在版编目(CIP)数据

Visual Basic 程序设计应用教程/王瑾德,张昌林主编.—2 版.—北京:清华大学出版社,2009.2

(高等学校计算机基础教育教材精选)

ISBN 978-7-302-19359-3

Ⅰ. V…　Ⅱ. ①王… ②张…　Ⅲ. BASIC 语言－程序设计－高等学校－教材
Ⅳ. TP312

中国版本图书馆 CIP 数据核字(2009)第 010948 号

责任编辑:袁勤勇　李玮琪
责任校对:焦丽丽
责任印制:杨　艳

出版发行:清华大学出版社　　　　　　　　地　　址:北京清华大学学研大厦 A 座
　　　　　http://www.tup.com.cn　　　　　邮　　编:100084
　　社　总　机:010-62770175　　　　　　　邮　　购:010-62786544
　　投稿与读者服务:010-62776969,c-service@tup.tsinghua.edu.cn
　　质　量　反　馈:010-62772015,zhiliang@tup.tsinghua.edu.cn
印　刷　者:北京国马印刷厂
装　订　者:三河市金元印装有限公司
经　　销:全国新华书店
开　　本:185×260　　　印　　张:15.25　　　字　　数:353 千字
版　　次:2009 年 2 月第 2 版　　　　　　　印　　次:2009 年 2 月第 1 次印刷
印　　数:1～4000
定　　价:23.00 元

第二版前言

本书为申报国家精品课程的配套教材。《Visual Basic 程序设计应用教程》（第一版）自出版以来，经历了几年时间及多所高校的使用，得到了大家的支持和厚爱。根据广大教师、学生的建议，我们及时进行了修订。

VB 6.0 全称为 Visual Basic 6.0，是微软公司推出的可视化编程工具之一，是目前世界上使用最广泛的程序开发工具。由于 VB 具有开发速度快，简单易学的语法，体贴便利的开发环境，是一款优秀的编程工具，是初学者的首选。因此，近年来不少高校已将 Visual Basic 程序设计语言作为大学生的入门语言，大部分省市教育部门也将 Visual Basic 程序设计纳入高校计算机等级考试的科目。

本书是在第一版的基础上根据教育部计算机基础课程教学指导委员会制定的基本要求而编写的，同时针对初学者的特点，在内容编排、叙述表达、习题选择等方面做了改进，更有助于教与学。

本书注重基本概念的系统化，叙述简明扼要，对 Visual Basic 程序设计课程的内容进行了有重点的讲解，考虑到目前各高校开设的程序设计语言课程都存在教学课时比较少、考试大纲要求的内容多、学生学习时感到难度大等问题，我们根据专家和教师的建议，决定编写一本面向应用、适合于不同层次教学的简明教材。本书内容精练，结构合理，重点突出，对读者可能遇到的难点做了十分清楚和详细的阐述。本书的重点是对程序设计的基本知识、基本语法、编程方法和常用算法进行了系统、详细的介绍，同时结合大量的应用实例，让学生学会分析问题、掌握简单问题编程的能力。本书中有关可视化界面设计内容的介绍采用重点选择部分对象控件的方法，使学生迅速地将程序设计方法与可视化界面设计两者有机地结合起来，以提高学生的学习积极性与教学效果。

全书共分 12 章，第 1 章为 Visual Basic 程序设计概述；第 2～12 章分别为：建立简单的 VB 应用程序、VB 程序设计基础、控制结构、VB 中的数组、过程、常用控件、用户界面设计、多窗体和多文档界面、文件、图形程序设计、数据库程序设计。每一章都给出了相应知识点的习题。

本书注重实践环节，体现了在理论指导下，让学生动手用计算机编程序的基本思想方法。本书引导学生在解题编程中探索其中规律性的认识，将感性认识升华到理性高度，这样学生就能举一反三。

本书内容丰富、通俗易懂、由浅入深、循序渐进，并配有电子教案，适用于高等学校各专业作为程序设计语言课程的教材。本书既是一本学习教材，又是一本考前辅导用书，可供各层面学生、教师、自学者阅读，也可以作为计算机等级考试培训班的教学参考书和辅导用书。

本书通过清华大学出版社网站(http：//www.tup.com.cn)向读者赠送 Visual Basic 学习系统。

本书主要编著者为王瑾德、张昌林、苏小英，参加编写的还有杨烨、金玉康、车立娟、孙秀丽、张海博，王瑾德、张昌林、苏小英对全书进行了总体统稿与审定，担任本书的主审是周强教授。

本书在编写过程中得到了清华大学、上海交通大学、中国科学技术大学、上海中医药大学等学校从事计算机教学的各位老师及清华大学出版社的帮助，在此一并致谢。

由于时间仓促和水平有限，书中难免还存在一些不妥之处，请广大读者批评指正。

编　者

2008 年 9 月

目录

第 1 章 Visual Basic 程序设计概述

1.1 Visual Basic 语言简介

1.1.1 程序设计语言的发展

1. 面向机器的语言

最早的计算机程序被称为是面向机器的程序,因为这些程序与具体硬件的结合非常密切,通常是针对某一种类型的计算机和其他设备而专门编写的,所以这类程序一般可以充分发挥硬件的潜力,扬长避短,拥有非常高的运行效率,这是面向机器程序的最大优点。但这种方法本身也存在着固有的缺陷:一是由于程序是针对机器编写的,与人类的自然语言相差较大,所以面向机器的程序的可读性很差;二是面向机器的语言编写的是面向某一种具体型号的计算机或设备的程序,妨碍和限制了面向机器的程序在大规模应用开发中发挥作用。

以上缺点随着计算机技术的飞速发展和普及越来越成为软件发展的障碍。因此,一种新的面向过程的程序设计方法被提出来了。

2. 面向过程的语言

面向过程的语言把注意力从完成某一任务或功能的机器转移到了问题本身,它致力于用计算机能够理解的逻辑来描述需要解决的问题和解决问题的具体方法、步骤。

面向过程的程序设计的核心是数据结构和算法,其中数据结构用来量化描述需要解决的问题,算法则研究如何用更高效、更快捷的方法来组织解决问题的具体过程。面向过程的程序设计语言主要有 BASIC、FORTRAN、PASCAL、C 等,它们一般与人类的自然语言比较相近,理解起来比机器语言容易得多,从而改善了程序的可读性和可维护性。更重要的是,由于面向过程语言着重的是问题的求解过程而不必依赖于具体型号的计算机,使得程序的移植、推广成为可能。

3. 面向对象的语言

面向对象的语言相对于以前的程序设计语言,代表了一种全新的思维模式。这种全新的思维模式能够方便、有效地实现以往方法所不能企及的软件扩展、软件管理和软件使用,使大型软件的高效率、高质量的开发以及维护和升级成为可能,从而为软件开发技术拓展了一片新天地。

面向对象的方法早在 20 世纪 60 年代就在实验室中被提出。最早的面向对象的软件是 1966 年开发的 Simula Ⅰ,它首次提出模拟人类的思维方法,把数据和相关的操作集成在一起的思想。但是受限于当时的硬件条件和方法本身的不成熟,这种技术没有得到推广和使用。随着软件危机的出现和过程化开发固有的局限性的暴露,人们把目光重新转到面向对象的方法上来。1980 年提出的 Smalltalk-80 语言也确实实现了一些面向对象的应用,但是这个语言更重要的作用是提出了一种新的思想观念和解决问题的方法,它向人们展示了面向对象这个虽然幼稚但却充满希望的发展方向。其后,先后产生了多种面向对象的语言,如 VB、VC 和 Java 等。

1991 年,微软公司推出了 Visual Basic 1.0 版。这在当时引起了很大的轰动。许多专家把 Visual Basic 的出现当作是软件开发史上的一个具有划时代意义的事件。后来,微软公司不失时机地在 4 年内接连推出 VB 2.0、VB 3.0、VB 4.0 3 个版本。并且从 VB 3.0 开始,微软公司将 Access 的数据库驱动集成到了 VB 中,这使得 VB 的数据库编程能力大大提高。从 VB 4.0 开始,VB 也引入了面向对象的程序设计思想。VB 功能强大,学习简单,而且还引入了控件的概念,使得大量已经编好的 VB 程序可以被人们直接拿来使用。如今,VB 已经有了 6.0 版。VB 6.0 又分以下 3 个不同版本。

(1) 普及版(Learning)

普及版是 VB 6.0 的基础版本,包括所有的内部控件和网络、数据绑定等控件,适合初学者及教学使用。

(2) 专业版(Professional)

专业版主要是为计算机专业开发人员提供的,除了具有普及的全部功能以外,还包括 ActiveX 和 Internet 控件开发工具之类的高级特性,适合专业程序开发人员使用。

(3) 企业版(Enterprise)

企业版是 VB 6.0 的最高版本,除了具有专业版的全部功能外,还包括一些特殊的工具,适合企业用户开发大型客户服务器应用程序。

这些版本是在相同的基础上建立起来的,以满足不同层次的用户需要,本书使用的是 VB 中文企业版。

1.1.2 Visual Basic 的编程特点

1. Windows 下编程的特点

Visual Basic 6.0 程序设计语言是基于 Windows 的一种高级程序设计语言,在 Windows 下进行应用程序的开发具有如下几个特点。

(1) 图形用户界面

Windows 为用户提供了独立于应用程序的图形设备接口,利用这个接口,用户可以在应用程序中显示文本和图形,所有的硬件设备都由 Windows 的设备驱动程序来管理。

同时,基于窗口操作的 Windows 操作系统,抛弃了传统的用户与程序只是通过字符和文本沟通的方式,而采用了交互式的沟通方式,从而为 Windows 下开发应用程序提供出了一个新的概念。

(2) 多任务

在传统的 MS-DOS 环境中,每次只能够执行一个任务,只有从一个任务中退出,才能够执行下一个任务,这样在客观上就浪费了很多的资源。在 Windows 操作环境中,多个应用程序可以同时运行,每个应用程序在屏幕上都有一个显示的窗口。

(3) 资源共享

在 Windows 操作系统中,应用程序之间共享资源的方式共有 3 种:剪贴板、DDE 和 OLE。

- 剪贴板可以把一个应用程序中的信息(文本和图形等)复制或者剪切下来,然后再切换到另外的应用程序中,把所要的信息粘贴到适当的位置。
- DDE 即动态数据交换技术,它的作用是在应用程序之间建立一条动态的数据交换的通道,使得应用程序在运行的过程中可以相互交换信息。
- OLE 即对象的嵌入和链接技术,与 DDE 不同,它不是在应用程序之间建立一个桥梁,而是把每个应用程序都看做是一个对象,通过对象之间的相互协作和协议来共同完成任务。

2. Visual Basic 的编程特点

Visual Basic 语言的出现为 Windows 下的编程提出了一个新的概念,利用 Visual Basic 的动态数据交换、对象的链接和嵌入、动态链接库、ActiveX 技术和开放式数据库访问技术可以很方便地设计出功能强大的应用程序。

利用 Visual Basic 语言编程有以下几个特点。

(1) 可视化程序设计

在 Visual Basic 中开发的应用程序,不但有丰富的图形界面,同时由用户为开发图形界面而添加的代码非常少,因为在 Visual Basic 设计图形界面的过程只需要设置 ActiveX 控件的属性值即可。

(2) 强大的数据库功能

随着 Visual Basic 语言的向前发展,它在数据库和网络方面的功能优势愈加明显,利用 Visual Basic 中的 ODBC——开放式数据库访问技术可以很方便地开发出自己的数据库应用程序;利用 Visual Basic 自带的可视化数据管理器和报表生成器,完全可以在 Visual Basic 中完成数据库的开发工作。

(3) 其他特性

从 Visual Basic 5.0 版本开始,在 Visual Basic 中制作的应用程序都变为编译执行,使得 Visual Basic 的代码效率有了很大的提高,同时执行的速度也加快了。当然,Visual Basic 还有其他特性,如面向对象的编程语言、事件驱动的编程机制、支持动态链接库等。

1.2 Visual Basic 6.0 安装、启动和退出

1.2.1 Visual Basic 6.0 的安装

下面介绍如何安装 Visual Basic 6.0 企业版。

(1) 将 Visual Basic 6.0 安装盘放入光驱,浏览安装盘,双击 SETUP. EXE 文件,进入安装向导,如图 1-1 所示。

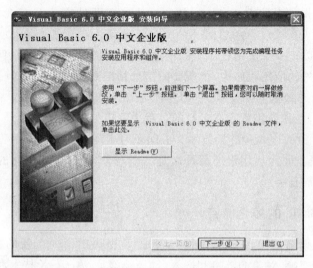

图 1-1 安装 Visual Basic 6.0 企业版(1)

(2) 直接单击"下一步"按钮,在"最终用户许可协议"对话框中仔细阅读其协议,若确实无疑义,选中"接受协议"单选按钮,再单击"下一步"按钮,如图 1-2 所示。

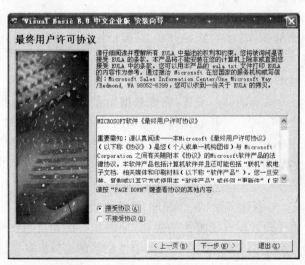

图 1-2 安装 Visual Basic 6.0 企业版(2)

（3）输入产品的 ID 号，一般来说，只要是正版的产品，每个安装程序都有专门的 ID 号，该 ID 号保存在安装程序包的 Sn. txt 文件中或者直接刻于安装光盘的封面上。姓名和公司名称可以任意填，再单击"下一步"按钮，如图 1-3 所示。

图 1-3　安装 Visual Basic 6.0 企业版(3)

（4）选中"安装 Visual Basic 6.0 中文企业版"单选按钮，如图 1-4 所示，再单击"下一步"按钮。

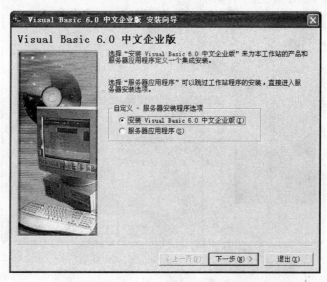

图 1-4　安装 Visual Basic 6.0 企业版(4)

（5）在弹出的对话框中单击"继续"按钮，如图 1-5 所示，再单击"确定"按钮，等待片刻。

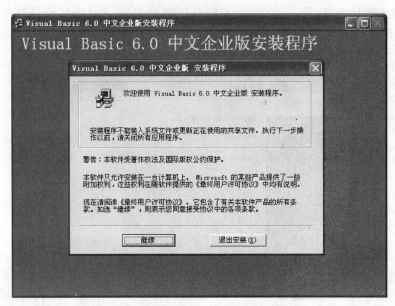

图 1-5　安装 Visual Basic 6.0 企业版(5)

（6）一般情况下使用默认安装文件夹即可，当然也可以单击"浏览"按钮自由更改安装文件夹，如图 1-6 所示。

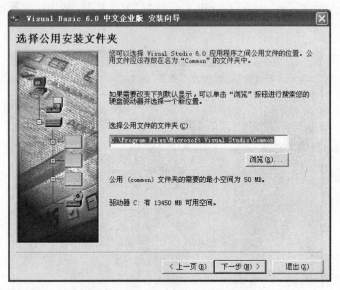

图 1-6　安装 Visual Basic 6.0 企业版(6)

（7）单击"典型安装"左边的图标按钮(如图 1-7 所示)，等待复制文件。

（8）单击"重新启动 Windows"按钮，重新启动计算机后，在弹出的对话框中把"安装 MSDN"复选框取消，再单击"下一步"按钮(如图 1-8 所示)，再单击"是"按钮。

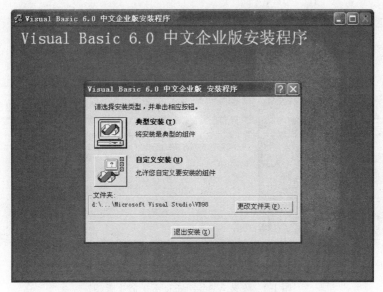

图 1-7　安装 Visual Basic 6.0 企业版(7)

图 1-8　安装 Visual Basic 6.0 企业版(8)

　　(9) 直接单击"下一步"按钮,把弹出的对话框中的"现在注册"复选框取消(如图 1-9 所示),再单击"完成"按钮,即完成了 VB 的安装。

1.2.2　Visual Basic 6.0 的启动

　　启动 Visual Basic 6.0 通常有以下两种方法。

　　(1) 双击桌面上的 图标,启动 Visual Basic 6.0。

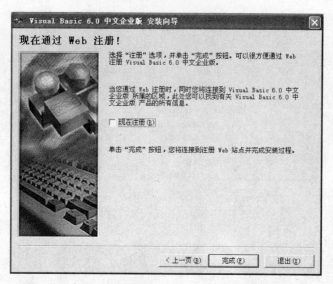

图 1-9　安装 Visual Basic 6.0 企业版(9)

（2）单击任务栏中的"开始"→"程序"→"Microsoft Visual Basic 6.0 中文版"，启动 Visual Basic 6.0 应用程序。

1.2.3　Visual Basic 6.0 的退出

有以下两种方法可以退出 Visual Basic 6.0。

（1）单击菜单栏中的"文件"→"退出"，退出应用程序。

（2）直接单击标题栏右上角的"关闭"按钮。

1.3　Visual Basic 6.0 集成开发环境

1.3.1　窗口介绍

VB 集成开发环境窗口(简称主窗口)包括标题栏、菜单栏、工具栏、工具箱。工程资源管理器窗口、属性窗口、窗体窗口、代码窗口、窗体布局窗口等，如图 1-10 所示。

1. 主窗口

（1）标题栏

标题栏位于窗口的顶部，与其他的 Windows 窗口的作用与风格一样。标题栏的最左边有一个图标，图标的右边显示当前工程文件的名称以及当前工程所处的状态，即设计、运行和中断等。

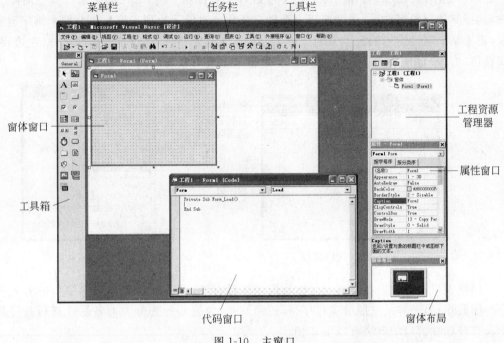

图 1-10　主窗口

（2）菜单栏

菜单栏在标题栏的下方，与其他 Windows 软件的菜单形式基本相同。

（3）工具栏

菜单栏的下边是标准工具栏。Visual Basic 6.0 把一些常用的操作命令以按钮的形式组成一个标准工具栏，工具栏中各工具按钮的功能在菜单中都可以找到。

2. 其他窗口

（1）窗体（form）窗口

VB 提供了方便的窗体窗口（如图 1-10 所示），它位于整个编程窗口的中间。可以在这个区域中搭建出美观实用的程序界面。窗体窗口的标题栏中显示的是窗体隶属的工程名称和窗体名称。

（2）代码（code）窗口

双击窗体或窗体上的控件就可以弹出代码窗口。代码窗口是专门用来进行程序设计的窗口，可在其中显示和编辑程序代码（如图 1-11 所示）。也可以通过单击菜单栏中的"视图"→"代码窗口"，调出代码窗口。

代码窗口标题栏下面有两个下拉列表框，左边是对象下拉列表框，可以选择不同的对象名称；右边是过程下拉列表框，可以选择不同的事件过程名称，还可以选择用户自定义过程的名称。

（3）属性（properties）窗口

属性窗口是用于设置和描述对象属性的窗口（如图 1-12 所示），在属性窗口中，标题栏显示的是当前对象的名称。标题栏下边是对象下拉列表框,可在其中选择其他对象名称,选择其他对象名称后,属性窗口也会随之变化。对象下拉列表框下边是两个排序选项卡,用来切换属性窗口的显示方式。再下边是属性列表,列出了对象的属性名称(左边)和属性值(右边),用户可以通过改变右边的取值来改变对象属性值。

图 1-11　代码窗口

图 1-12　属性窗口

属性窗口有两种显示方式:一种是按照字母排序,即各属性名称按照字母的先后顺序排序显示;另一种是按照分类排序,即按照外观、位置和行为分类对各属性进行排序显示。打开属性窗口的方法有以下 3 种。

- 单击菜单栏中的"视图"→"属性窗口",可调出属性窗口。
- 单击标准工具栏中的"属性窗口"按钮。
- 将鼠标指针移到相应的对象上,右击,调出它的快捷菜单,然后单击快捷菜单中的"属性窗口"命令。

(4) 工程资源管理器(project explorer)窗口

工程资源管理器用来管理开发一个 VB 应用程序所需要的各种类型的窗体和模块(如图 1-13 所示)。单击菜单栏中的"视图"→"工程资源管理器",可调出工程资源管理器窗口。

工程管理器以树形结构图的方式对资源进行管理,类似于 Windows 的资源管理器。工程资源管理器的标题栏中显示的是工程的名称,标题栏下边的 3 个按钮分别是"查看代码"、"查看对象"和"切换文件夹"按钮。单击"查看代码"按钮,可调出代码窗口,用来显示和编辑代码;单击"查看对象"按钮,可切换到模块的对象窗口;单击"切换文件夹"按钮,可决定工程中的列表项是否以目录的形式显示。

(5) 工具箱(toolbox)窗口

工具箱中的每个图标称为控件,每个控件都是已经定义好的对象(如图 1-10 所示),用户借助这些控件采用搭积木方式就可以设计出多姿多彩的应用程序用户界面。

工具箱中的控件的数量依设定而不同,标准工具箱中的控件是 20 个,如果需要,可以利用"工程"菜单中的"部件"命令来加入其他控件。

(6) 窗体布局窗口

调整程序运行时,程序窗体在屏幕中的初始位置,把鼠标指针移到左图屏幕中的窗体上,按住鼠标左键并拖动窗体,就设置好了运行时此窗体的位置(如图 1-14 所示)。

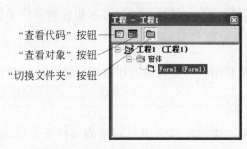

"查看代码"按钮 —
"查看对象"按钮 —
"切换文件夹"按钮 —

图 1-13　工程资源管理器窗口　　　　　　　图 1-14　窗体布局窗口

1.3.2　工程管理和环境设置

1. 3 种工作模式

主窗体的标题栏上显示了 Visual Basic 的 3 种工作模式,即设计、中断与运行模式。

（1）"设计"模式

在创建一个新的工程或打开一个已有工程时,首先进入的是"设计"模式,标题栏上显示"[设计]"字样。在这个模式下,可以设计应用程序界面和编辑程序代码。

（2）"运行"模式

编好一个程序后,可以单击标准工具栏中的 ▶ 按钮运行程序。这时标题栏上显示"[运行]"字样。请注意,在"运行"模式下,菜单是不可用的,只有在"设计"模式下才可以使用所有菜单。所以,如果要回到"设计"模式,必须单击标准工具栏中的 ■ 按钮,切换到"设计"模式。

（3）"中断"模式

程序在运行时出现错误,或者单击标准工具栏中的 ‖ 按钮,即可进入"中断"模式,这时标题栏上显示"[中断]"字样,可以在代码窗口中修改程序代码。完成修改后,可以单击 ▶ 按钮继续运行程序,或单击 ■ 按钮,切换到"设计"模式。

2. 工程的组成

应用程序建立在工程的基础上,一个工程是各种类型文件的集合,它包括工程文件（Vbp）、窗体文件（Frm）、标准模块文件（Bas）、类模块文件（Cls）、资源文件（Res）和 ActiveX 的文件（Ocx）。

（1）工程文件

工程文件存储了与该工程有关的所有文件和对象的清单,这些文件和对象自动链接到工程文件上,每次保存工程文件时,其相关文件信息也随之更新。当然,某个工程下的对象和文件也可供其他工程共享使用。在工程的所有对象和文件被汇聚在一起并完成编码后,就可以编译工程,生成可执行文件。

（2）窗体文件

窗体文件存储了窗体上使用的所有控件对象、对象的属性、对象相应的事件工程和程序代码。一个应用程序至少包含一个窗体文件。

（3）标准模块文件

标准模块文件存储了所有模块级变量和用户自定义的通用过程。通用过程是指可以被应用程序各处调用的过程。

（4）类模块文件

类模块文件用来建立用户自己的对象。类模块包含用户对象的属性及方法，但不包含事件代码。

3. 创建、打开和保存工程

（1）创建工程

第一步，单击任务栏中的"开始"→"程序"→"Microsoft Visual Basic 6.0 中文版"，启动 Visual Basic 6.0 应用程序。

第二步，在"新建工程"对话框中选择"标准 EXE"（如图 1-15 所示），单击"确定"按钮，即可新建一个工程（如图 1-16 所示），默认的名称为"工程 1"。

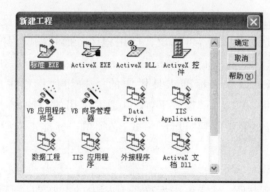

图 1-15　新建工程

下面通过一个简单的例子来说明如何编写一个工程。

【例 1-1】　在窗体上有一个按钮，显示"欢迎"字样。单击"欢迎"按钮时，在标签中显示"欢迎学习 Visual Basic!"，如图 1-17 所示。

第一步，单击工具箱中的 CommandButton 按钮，在 Form1 窗体中拖曳鼠标，制作一个按钮，然后可以通过拖曳鼠标来调整按钮的大小和位置，按钮的默认名称为 Command1。用同样的方法，在窗体中添加一个标签（Label1）。

第二步，选中按钮 Command1，在属性窗口（如图 1-12 所示）中，单击属性列表框中的 Caption 属性值文本框，输入"欢迎"文字。选中标签 Label1，单击属性列表框中的 BorderStyle 属性，将属性值改成 1-Fixed Single。

第三步，双击窗体，在弹出的代码窗口中输入以下代码：

```
Private Sub Command1_Click()
    Label1.Caption="欢迎学习 Visual Basic!"
```

End Sub

第四步,单击工具栏上的 ▶ 按钮,运行程序。

一个简单的 VB 程序就这样完成了,本书后面的章节将对此再进行详细的解释。

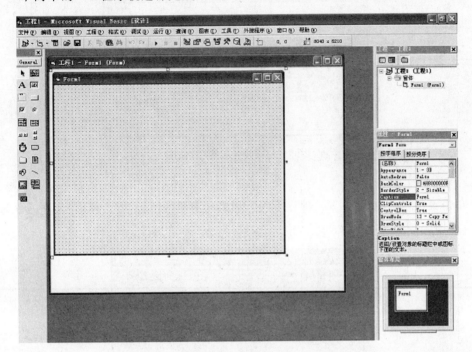

图 1-16　新建工程

图 1-17　例 1-1 运行结果

(2) 打开工程

对已有的工程可以使用以下两种方式打开。

- 找到工程文件并双击。
- 启动 Visual Basic 6.0 后,在弹出的对话框中单击"取消"按钮。单击菜单栏中的"文件"→"打开工程",弹出"打开工程"对话框(见图 1-18),定位文件所在的路径,选择要打开的工程文件图标,单击"打开"按钮,便可打开一个工程。

图 1-18 "打开工程"对话框

（3）保存工程

单击菜单栏中的"文件"→"保存工程"，如果是新建的工程，则会弹出"文件另存为"对话框（如图 1-19 所示）。

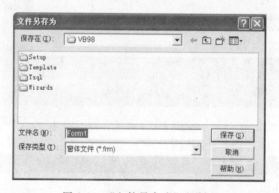

图 1-19 "文件另存为"对话框

首先要保存的是窗体文件，后缀名为 frm，选择要保存的文件路径，并给窗体文件命名，默认文件名为 Form1，也可以自定义名称，单击"保存"按钮。然后保存工程（如图 1-20 所示），后缀名为 vbp，选择要保存的文件路径，并给工程文件命名，默认文件名为"工程 1"，也可以自定义名称，单击"保存"按钮。

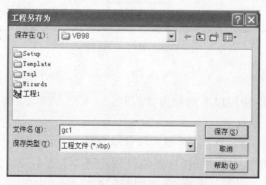

图 1-20 "工程另存为"对话框

Visual Basic 程序设计应用教程（第二版）

4. 添加、删除和保存窗体、工程

（1）添加窗体

右击工程资源管理器窗口中的工程名（如图 1-21 所示），在弹出的快捷菜单中单击"添加"→"添加窗体"。

在弹出的对话框中选择所要添加的窗体的类型（如图 1-22 所示），单击"打开"按钮，添加了一个空白窗体。

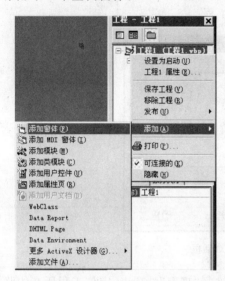

图 1-21 添加窗体

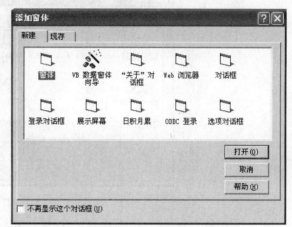

图 1-22 "添加窗体"对话框

如果想把已有的窗体链接到工程中，则在弹出的对话框中选择"现存"选项卡（如图 1-23 所示），定位窗体所在的路径，选择要添加的窗体，单击"打开"按钮，即可将窗体链接到工程中。

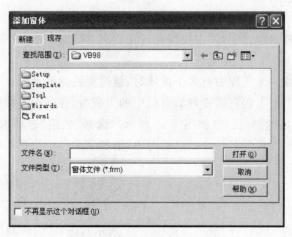

图 1-23 "添加窗体"对话框

（2）删除窗体

右击工程资源管理器窗口中的窗体名称，在弹出的快捷菜单中单击"移除 form1"。

（3）保存窗体

在工程资源管理器窗口中，单击要保存的窗体名称，再单击菜单栏中的"文件"→"保存 form1"。

（4）添加工程

单击菜单栏中的"文件"→"添加工程"，弹出"添加工程"对话框（如图 1-24 所示），选择工程的类型，单击"打开"按钮，就添加了一个新工程。

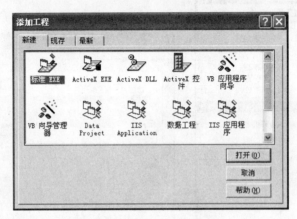

图 1-24　"添加工程"对话框

如果想添加已有的工程，则在弹出的对话框中选择"现存"选项卡，定位工程所在的路径，选择要添加的工程，单击"打开"按钮。

（5）删除工程

在工程资源管理器窗口中，单击要删除的工程名称，再单击菜单栏中的"文件"→"移除工程"，可将工程删除。

（6）保存工程

在工程资源管理器窗口中，单击要保存的工程名称，再单击菜单栏中的"文件"→"保存工程"。

当有多个工程或一个工程中有多个窗体时，就需要设置启动窗口，即程序运行的时候先载入哪个窗体。右击工程资源管理器窗口中的工程名，在弹出的快捷菜单中单击"工程1属性"，弹出"工程属性"对话框（如图 1-25 所示），选择"通用"选项卡。在"工程类型"下拉列表框中选择启动工程的名称，在"启动对象"下拉列表框中选择启动窗口的名称。

5. 环境设置

（1）"编辑器"选项卡

单击菜单栏中的"工具"→"选项"（如图 1-26 所示），选择"编辑器"选项卡。

下面对部分选项进行一些说明。

• 自动语法检测：在编写程序代码时，如果出现语法错误，VB 会自动找出错误，并

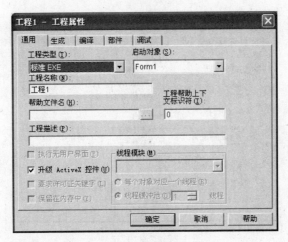

图 1-25 "工程属性"对话框

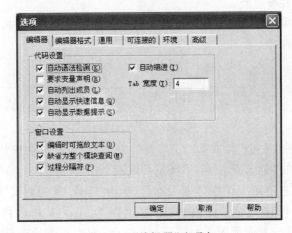

图 1-26 "编辑器"选项卡

显示成红色。

- 自动列出成员：使编写代码更方便，在输入对象名称再加"."后，VB 会自动列出所有和该对象相关的属性、方法。
- 显示数据提示：调试时使用，将鼠标指针停留在要显示数据的变量上，可以显示该变量的值。
- 过程分隔符：在代码编辑窗口中，VB 在各过程之间用"—"分隔开来。

(2)"通用"选项卡

单击菜单栏中的"工具"→"选项"，选择"通用"选项卡（如图 1-27 所示）。

下面对部分选项进行一些说明。

- 显示网格：在窗体上显示网格状的小点，选择该选项后，可以通过改变"宽度"和"高度"值来改变窗体上点的疏密程度（注意：窗体上的点越密，调整控件在窗体上的位置可以越精确）。
- 对齐控件到网格：使控件在窗体上与某个小点对齐，而不会落在两个小点之间，

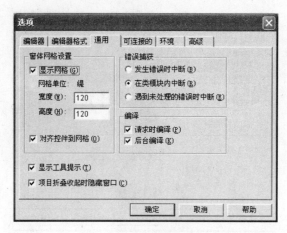

图 1-27 "通用"选项卡

从而使控件容易对齐。

- 显示工具提示：当鼠标指针停留在工具箱中的某个图标上时，显示该图标所代表的控件的名称。

习 题

启动 VB 6.0，创建一个"标准 EXE"类型的应用程序，要求在窗体上显示"欢迎使用 VB"粗、斜体字样，并放置 3 个按钮，其 Caption 属性分别为"红色"、"隐藏"、"结束"，单击"红色"按钮将"欢迎使用 VB"字体变为红色，单击"隐藏"按钮将文字隐藏不可见，单击"结束"按钮，结束程序运行，将窗体文件保存为 vbsy_1.frm，将工程文件保存为 vbsy_1.vbp。程序运行界面如图 1-28 所示。（提示：可以在本地磁盘 D 下创建一个名为 VBSY 的文件夹，可以将以后的习题题目存放到该文件夹下。）

图 1-28 程序运行界面

第2章 建立简单的 VB 应用程序

2.1 类 和 对 象

VB 是一种面向对象的程序设计语言(OOP),程序的核心是对象。VB 中的窗体和控件都是对象,数据库也是对象。另外,VB 还提供了创建自定义对象的方法和工具,理解对象的概念对 VB 程序设计很重要。本节详细介绍对象和类的概念。

2.1.1 对象和类

对象(Object)是对现实世界问题的描述。对象本身就是具有知识和处理能力并且相对独立的单位,现实世界的任何事物都可以看做对象,如汽车、衣服、房子等。

这些对象都有两个共同特点:第一,它们都有自己的状态,如质地、颜色、大小;第二,它们都有自己的行为,比如一个球可以滚动、旋转、停止。在面向对象的程序设计中,对象是现实世界中对象的模型化,它也有自己的状态和行为,只是在这里的叫法不同。对象的状态用数据来表示,称为对象的属性,对象的行为用对象执行的代码来实现称为对象的方法,可以说对象是将其数据和方法封装起来的一个逻辑独立实体。

类的概念相对更加抽象,它是 VB 为了描述具有相同特征的对象而引入的概念。类是用来创建对象的模板,包含所创建的对象的状态描述和方法定义,对象是类的一个实例。

例如,“球”是一个类,它有多种属性如“半径”、“颜色”、“质地”,也有自己的方法如“滚动”、“旋转”。那么,篮球、铅球等是由“球”这个类创建出的对象,它们具有不同的颜色、质地和大小,但都具有“球”这个类的特性。

在 VB 的集成开发环境中,工具箱中的每一个控件都可以看做一个类,选中一个控件在窗体上拖放鼠标,可以设计出按钮、标签和图形框等不同元素,这些是由类创建的对象,如图 2-1 所示。

在 VB 的窗体上建立对象的步骤如下。

(1)在工具箱中选择要制作的控件对象的图标。

(2)将鼠标指针移到窗体上,按下鼠标并拖曳出控件对象。

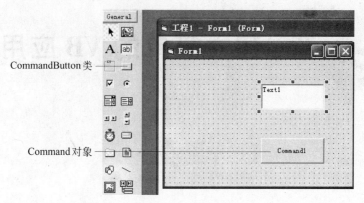

图 2-1　类与控件

如果需要再次选中对象,则单击即可;如果要选中多个对象,则可以使用鼠标拖曳一个虚线框框选多个对象,也可以利用 Ctrl+鼠标左键,选择多个对象。

每个对象都要有自己的名字,它是程序代码中引用该对象的标识。控件对象在建立时有自己默认的名字,如 Command1、Text1。如果用户需要改名,可以在属性窗口中设置 Name 属性来重命名。

2.1.2　对象的属性、事件和方法

1. 对象属性

属性是反应对象的特征,也就是说属性中存放着对象的数据。对象常见的属性有名称(Name)、标题(Caption)、字体(FontName)等。

可以在属性窗口中设置属性,步骤如下。

(1) 选择要设置属性的对象。

(2) 激活属性窗口。

(3) 选择属性名称。

(4) 设置属性值。

设置属性值的方式有以下 3 种。

(1) 直接输入新值

某些属性如 Caption、Text 需要由用户输入。如设置标签对象的 Caption 值,如图 2-2 所示。

(2) 选择输入

某些属性的值是 VB 预先设好的,只能从其中进行选择,如 DrawStyle、FillStyle 等,这些取值可能只有两种或几种,这样的属性只能在下拉列表中选择,如图 2-3 所示。

(3) 利用对话框设置

某些属性如 Picture、Font 等,在设置框的右端会显示■■按钮,单击这个按钮会弹出相应的对话框用来设置对象属性,如图 2-4 所示。

图 2-2　标签及其属性窗口　　　图 2-3　窗体的属性窗口　图 2-4　窗体的字体设置属性

也可以在程序中用程序语句设置,格式为

对象名 . 属性名称=属性值

例如,首先在窗体上建立一个文本框,默认名称(Name)为 Text1,文本框的 Text 属性用来设置文本框中的显示文字,如在程序运行时执行以下代码(代码界面如图 2-5 所示):

```
Private Sub Form_Click()
    Text1.Text= "这是一个文本框控件对象"
End Sub
```

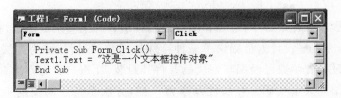

图 2-5　代码界面

在程序的运行界面单击窗体后,会将 Text1 文本框中的文字显示为字符串"这是一个文本框控件对象",Text1 是对象名,Text 是属性名,"这是一个文本框控件对象"是属性值。

2. 对象事件

传统的面向过程的编程方式是按代码的先后顺行执行的,编程人员时刻要注意什么时候发生什么事情。换句话说,程序执行的先后次序由设计人员编写的代码决定,用户无法改变执行流程。VB 是面向对象的编程语言,编程人员不再受时间因素的影响,即不必考虑程序按着精确次序执行的步骤,而只要关注响应用户的动作(事件)程序,如单击(Click)、双击(DblClick)、键盘按下(KeyPress)等,这就避免了编写一个大型程序,而是化整为零,分别建立若干个小程序,由用户启动的事件来激发。因此,这些事件驱动的顺序决定了代码执行的顺序,程序每次运行的经过代码块的顺序也是不同的。

什么是事件(Event)呢? 事件是 VB 预先设置好的,可以被对象识别的动作,不同的对象能够识别的事件不一样。在对象上发生了事件后,应用程序就要处理这个事件,这样的一段应用程序代码叫做事件过程(Event Procedure)。VB 程序设计的工作就是编写事件过程中的代码。事件过程的形式如下：

```
Private Sub 对象名_事件()
    ...
    对象程序代码
    ...
End Sub
```

"对象名"是指对象属性中的 Name 属性值，"事件"是 VB 预先设置好的，在建立对象后，VB 能自动确定与该对象相匹配的事件，并可显示出来提供给用户选择。

例如，单击 Picture1 图形框，打印出"欢迎使用 VB!"字样，则对应的事件过程为

```
Private Sub Picture1_Click()
    Picture1.Print "欢迎使用 VB!"
End Sub
```

注意：用户在对一个对象发出动作时，可能会对该对象激发多个事件，如用户执行了单击动作，会同时触发 Click、MouseDown 事件。这时只要去编写自己需要的事件如 Click，没有代码的空事件系统不会执行。

3. 对象方法

在传统的程序设计语言中，过程和函数是编程语言的主要组成部分，在面向对象的程序设计语言中，为程序设计人员提供了一种特殊的函数和过程，称为方法(Method)。VB 将这些通用的过程和函数已经编写好代码并将其封装，让用户作为方法直接调用，这就避免了用户重复编写大量代码。和属性及事件一样，方法是特定对象的一部分，其调用格式为

对象名.方法 [参数名表]

若省略对象名，则表示为当前对象，一般指窗体本身。如：

```
Picture1.Print "Hello VB 6.0"
```

此语句使用 Print 方法在 Picture1 图形框上打印"Hello VB 6.0"，如果语句为

```
Print "Hello VB 6.0"
```

在窗体上打印"Hello VB 6.0"。

2.2　编写简单的 VB 程序

了解了 VB 的对象的基本概念，读者可能已经迫不及待地想开发一个简单的 VB 应用程序了。一般来说，使用 VB 开发应用程序需要以下几个步骤。

（1）建立可视化用户界面。

（2）设置对象属性。

（3）编写代码。

（4）保存工程。

（5）调试应用程序，排除错误。

（6）创建可执行程序。

2.2.1　建立可视化用户界面

【例 2-1】　建立应用程序，首先确定窗口上显示的控件对象有哪些，例如现在建立如图 2-6 所示的界面。

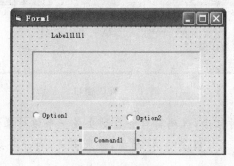

图 2-6　设计界面

建立一个 Label 控件对象，一个 Picturebox 控件对象，两个 Option 控件对象以及一个 Commond 控件对象。

2.2.2　设置对象属性

建立对象后设置属性值，设置对象属性是为了让对象符合应用程序的需要。首先选定要设置的对象，然后修改相关属性。按照表 2-1 设置属性值，运行界面如图 2-7 所示。

表 2-1　对象属性设置

控件名	标题(Caption)	字号(FontSize)
Form1	丁香	12
Label1	丁香	小四
Picture1	—	小四
Option1	特点	小四
Option2	功能	小四
Command1	退出	小四

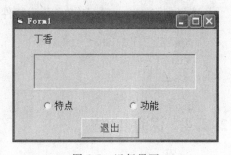

图 2-7　运行界面

2.2.3 编写代码

建立好用户界面后,接下来就要选择对象的事件和编写事件过程代码。编程是在代码窗口中进行的,在工程资源管理器中单击"查看代码"按钮,打开代码窗口。代码窗口左边的"对象"下拉列表列出了窗体中的所有对象,右边的"过程"下拉列表列出了与对象相关的所有事件。

下面继续制作本例。

(1) 单击"对象"下拉列表,选择 Option1。

(2) 单击"过程"下拉列表,选择 Click 事件,如图 2-8 所示。

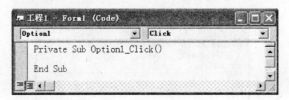

图 2-8 代码窗口

说明:在单击选中对象后,代码窗口会自动生成一个该对象的常用事件,如果正是编程人员所要选择的事件,则可以省略第(2)步,如果不是,则一定要执行步骤(2)。

输入如下代码:

```
Private Sub Option1_Click()
    Picture1.Cls
    Picture1.Print "质坚实而重,入水即沉,断面有油性。"
End Sub
```

选择对象 Option2 和事件 Click,输入如下代码:

```
Private Sub Option2_Click()
    Picture1.Cls
    Picture1.Print "治呃逆,呕吐,反胃,泻痢,心腹冷等"
End Sub
```

选择对象 Command1 和 Click 事件,输入如下代码:

```
Private Sub Command1_Click()
    End
End Sub
```

2.2.4 保存工程

为了避免在调试程序的过程中由于代码的错误而造成程序丢失,必须先保存程序。保存程序要保存工程文件和窗体文件。保存步骤如下:

(1) 单击"文件"→"保存 form1"命令,在弹出的对话框中输入窗体的文件名,命名为 ex02_01,保存类型不需改动,如图 2-9 所示,因此窗体文件的文件名为 ex02_01.frm。

图 2-9　窗体的保存

(2) 单击"文件"→"保存工程"命令,在弹出的"工程另存为"对话框中输入文件名 ex02_01,工程文件名为 ex02_01.vbp,如图 2-10 所示。

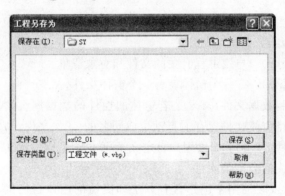

图 2-10　工程文件的保存

　　说明:本例在保存时将窗体和工程存在了自建的文件夹 SY 中,读者也应该清楚自己创建的文件所保存的位置。

　　已经保存过的窗体和工程文件会在资源管理器中显示出其磁盘文件名和扩展名,如图 2-11 所示。

　　可见,工程资源管理器中窗体和工程文件后方出现了小括弧和文件名及其扩展名,这说明窗体和工程已经保存过,小括弧内的文件名就是工程和窗体在磁盘中保存时的文件名和扩展名;如果窗体和工程没有被保存,则不会有扩展名。

图 2-11　文件保存后的工程资源管理器

2.2.5　运行、调试应用程序,排除错误

　　工程保存后就可以运行程序。运行程序的目的有两个:一是显示输出结果;二是调

试程序。在 VB 中程序有编译运行和解释运行两种运行模式。

1．解释运行模式

单击"运行"→"启动"命令(或单击工具栏中的"启动"按钮),程序运行界面如图 2-12 所示。选中"特点"单选按钮,显示丁香的特点,选中"功能"单选按钮,显示丁香作为药材的功能。

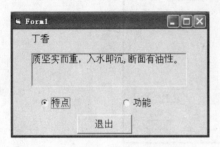

图 2-12　选中"特点"单选按钮的运行界面

2．编译运行模式

单击"文件"→"生成…exe"命令,系统读取程序中全部代码,将其转换为机器代码,并保存成扩展名为 .exe 的可执行文件。

有关调试程序的内容将在 2.4 节进行介绍。

2.2.6　管理应用程序

管理一个应用程序首先要对其中的文件有所了解。一个工程包括多种类型的文件,常见的文件类型有以下几种。

- 工程文件(.vbp):与该工程有关的文件和对象清单。
- 窗体文件(.frm):有一个窗体就有一个窗体文件。
- 窗体的二进制数据文件(.frx):若窗体的控件的数据属性含有二进制值(如图片或图标),则将窗体文件保存时自动生成同名的 .frx 文件。
- 标准模块文件(.bas):如果用户自定义了标准模块提供给工程内窗体调用,则在保存时会生成标准模块文件(可选)。
- 类模块文件(.cls):用于创建含有方法和属性的用户自己的对象,保存时为类模块文件(可选)。
- 资源文件(.res):将在程序运行时用到的资源集中在一起的一个文件(可选)。
- ActiveX 控件的文件(.ocx):可添加在工具箱中并使用。

一个简单的应用程序一般有一个窗体和一个工程文件。在实际设计应用程序时可能需要添加多个窗体、标准模块等,这样就会再生成多个窗体文件、模块文件等。

刚学习 VB 会遇到许多名称和文件等,使初学者搞不清楚它们之间的关系。以窗体为例,窗体名和窗体文件名是有区别的。窗体名是窗体的 Name 属性,同一工程不能有相同的窗体名;窗体文件名是存放在磁盘上的该窗体的文件名。

另外,用户经常遇到需要将文件改名,方法有以下两种。

方法一:将 Form1.frm 改名为 ex02_01.frm。打开窗体文件,选中该窗体,单击"文件"→"Form1.frm 另存为"命令,将窗体文件复制为 ex02_01,到磁盘路径下将原来的窗体 Form1.frm 删除。如果工程文件和窗体文件都要改名,则分别执行相应命令并以新文件名保存,将两个文件分别复制,再到磁盘路径下将原来的窗体和工程全部删除。

方法二:不打开工程文件。直接在磁盘路径下右击文件名将窗体文件和工程文件重命名。然后右击工程文件，在弹出的菜单中选择用记事本打开，将其中的语句 Form＝Form1.frm 改为 Form＝ex02_01.frm，这样使工程文件和改名的窗体文件保持联系。

如果有多窗体，希望启动时先启动除第一个窗体以外的某个窗体，则单击“工程菜单”→“工程属性”命令，在弹出的对话框中将要启动的窗体选中，如图 2-13 所示。

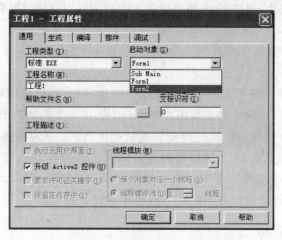

图 2-13　工程属性对话框

2.3　窗体及基本的内部控件

2.3.1　窗体

窗体(Form)是用户和程序进行交互的基本平台，在工程中可以添加一个或多个窗体，窗体本身是一个对象，同时也是其他对象的容器，即可以包含属于自己的对象。图 2-14 所示为窗体结构，内容包括以下几部分。

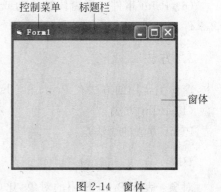

图 2-14　窗体

- 标题栏显示窗体的标题，标题名称由 Caption 属性决定。
- 控制菜单提供最大、最小化窗体及关闭窗体的方法，可以分别由 MaxButton、MinButton 设置。
- 窗口区是窗体的主要部分，应用程序的其他对象都放在上面。

1. 主要属性

窗体的许多属性可以影响窗体的外观和行为，下面举例说明。

（1）Appearance 属性。该属性决定窗体的外观效果，属性值为 0 为平面效果，属性值为 1 为立体效果。

（2）Caption 属性。用于设置窗体标题栏显示的内容，它的值为字符串。系统默认的
Caption 值为 Form1。

（3）Icon 属性。用于设置当窗体最小化时以该图标显示，如果不设置，则以 VB 默认
图标显示。设置方法为，单击 Icon 属性设置右边的 ⋯ 按钮，打开"加载图标"对话框，选择
图标文件装入。

（4）ControlBox 属性。当其值为 True 时左上角有控制菜单，当为 False 时为无控制
菜单。

（5）Picture 属性。如果要设置窗体显示的图片，则需要修改该属性。方法为：单击
设置框右方的 ⋯ 按钮，在弹出的加载图片对话框中选择需要添加的图片。

（6）BorderStyle 属性。该属性用于设置边框的样式。0 为窗体无边框；1 为窗体单
线边框；2 为窗体双线边框；3 为窗体为固定对话框；4 为窗体外观与工具栏相似，有关闭
按钮，不能改变大小；5 为窗体外观与工具栏相似，有关闭按钮并能改变大小。该属性是
只读属性，只能在设计阶段设置不能在运行期间改变。

2. 事件

窗体的事件较多，常用的有以下几个。

（1）Click 事件。Click 事件是单击鼠标左键发生的事件。

（2）DblClick 事件。程序运行后，双击窗体内的某个位置，VB 将调用窗体事件过程
Form_DbClick。

（3）Load 事件。Load 事件可以用来在启动程序时对属性和变量进行初始化。装入
窗体，在程序运行时会自动触发该事件。

（4）Unload 事件。当从内存中清除一个窗体时触发该事件。

（5）Activate 事件。当窗体变为活动窗体时触发 Activate 事件。

（6）Paint 事件。当窗体被移动或放大，或者窗口移动而覆盖了另一个窗体时，触发
该事件。

3. 方法

窗体上常用的方法有 Print 和 Cls 方法。

（1）Print 方法

Print 方法的语法是：

```
[对象].Print[{Spc(n)|Tab(n)}][表达式列表][;|,]
```

对象：表示 Print 作用的对象，比如 Form 或者 PictureBox，对象是可以省略的，省略
时的 Print 往往在窗体上输出。

Spc(n)是函数：输出时插入 n 个空格（从当前打印起空 n 个空格），允许重复使用。

Tab(n)是函数：输出表达式时定位于第 n 列。

表达式列表：要输出的数值和字符串表达式，若省略，则输出一个空行。多个表达式之间用空格、逗号、分号分隔。

；（分号）表示光标定位在上一个显示的字符后。

，（逗号）表示光标定位在下一个打印区的开始位置，打印区每隔 14 列开始打印。

无"；"和"，"表示输出后换行。

（2）Cls 方法

Cls 也是一个古老的 BASIC 语句，原来它的作用总是把屏幕变成黑色，然后在左上角或左下角闪烁一个光标，在 Visual Basic 中，它的作用是清除绘图语句和 Print 语句产生的文字和图形。

语法格式：

[对象名.] Cls

对象可以是 Form 或 PictureBox，如果省略，则通常 Visual Basic 把当前的窗口作为 Cls 操作的对象。

参见例 2-1 和例 2-2。

【例 2-2】 利用 Print 方法打印出如图 2-15 所示的图形，并使用 Cls 方法将打印出来的图形清除。

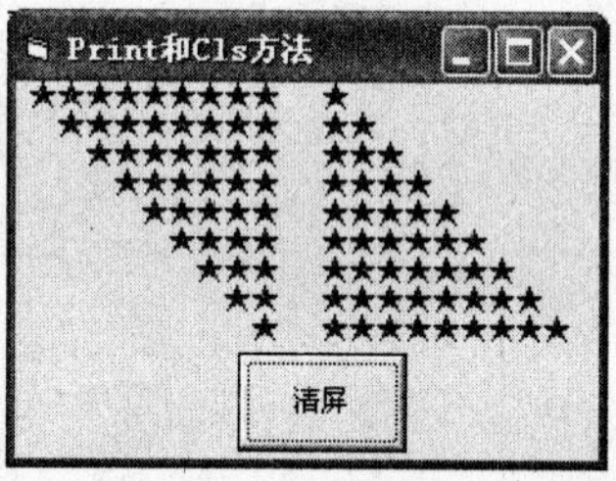

```
Private Sub Command1_Click()
    Form1.Cls
End Sub
```

图 2-15　Print 和 Cls 方法

```
Private Sub Form_Click()
Print "★★★★★★★★　★"
Print "　★★★★★★★★　★★"
Print "　　★★★★★★★　★★★"
Print "　　　★★★★★★　★★★★"
Print "　　　　★★★★★　★★★★★"
Print "　　　　　★★★★　★★★★★★"
Print "　　　　　　★★★　★★★★★★★"
Print "　　　　　　　★★　★★★★★★★★"
Print "　　　　　　　　★　★★★★★★★★★"
End Sub
```

说明：

（1）本程序通过 Print 方法的反复使用达到在窗体上输出所要求的图形的目的。

（2）Print 方法在 Form_Load 事件过程中无效，如果在该事件中使用 Print 方法，则需要将窗体的 AutoRedraw 属性设置为 True，才能打印出应有的效果。

【例 2-3】 设计一个窗体，要求如表 2-2 所示，程序运行界面如图 2-16 所示。

表 2-2　对象属性设置

事　件	标　题　栏	显　示　内　容
Load	加载窗体结果	Load 事件及图片
Click	鼠标单击结果	鼠标单击
DblClick	鼠标双击结果	鼠标双击

Load 事件

Click 事件

DblClick 事件

图 2-16　运行界面

在代码窗口中输入如下程序代码：

```
Private Sub Form_Load()
    Caption="加载窗体结果"
    AutoRedraw=True
    Picture=LoadPicture(App.Path+"\bg1.jpg")
    FontSize=40
    FontName="隶书"
    ForeColor=vbGreen
    Print "Load事件"
End Sub
Private Sub Form_Click()
    Caption="鼠标单击"
    Print "鼠标单击结果"
End Sub
Private Sub Form_DblClick()
```

```
    Caption="鼠标双击"
    Picture=LoadPicture("")
    Print "鼠标双击"
End Sub
```

注意：

(1) App. path 表示装入图片文件 bg1.jpg，该图片应与工程文件在同一文件夹中。

(2) 默认作用于当前的 Form1 窗体，所以属性方法前的对象可以省略。

2.3.2 标签

标签(Label)用来显示输出文本信息，不可以作为输入界面。显示的内容用 Caption 属性来设置或修改。

1. 主要属性

标签的主要属性有 Caption、Font、Left、Top、ForeColor 和 BackStyle 等。Label 控件的 Caption 属性只能输入一行文字，可以调整 Label 的宽度来分行显示。Font 用来设置文字大小，ForeColor 用来设置标签中文字的颜色。

标签控件的特点是运行时不能直接修改它，通常一个文本框旁边都有一个标签来标识文本框。

2. 事件

标签的主要事件有 Click、DblClick 和 Change 事件。但是标签一般用于显示输出信息，不需编写事件过程。

【例 2-4】 利用标签控件制作具有阴影效果的文字，如图 2-17 所示。

图 2-17　阴影效果

首先设置各控件对象的属性，参见表 2-3。

表 2-3　标签控件属性

默认控件	BackStyle	ForeColor	Left Top
Label1	0-Transparent	&H00000000& 黑	720、240
Label2	0-Transparent	&H00FFFFFF& 白	800、280

阴影效果是利用黑白文字的错位实现的。这种错位通过设置 Left、Top 属性值来实现。其中,标签的 Left 属性指的是该标签到其所在容器(这里指窗体)的左边框之间的距离;Top 属性指的是该标签到其所在容器(这里指窗体)的顶部之间的距离。这里距离的默认单位为 twip(缇),其中 1 缇＝1/1440 英寸＝1/567 厘米。一般来说,凡是程序运行时能显示在前台的控件对象都有这两个属性。对于窗体,Left 属性指的是其到屏幕左边的距离;Top 属性指的是其到屏幕顶端的距离。

将标签的 BackStyle(背景样式)设置为 0(透明),ForeColor(前景色)分别设置为黑色与白色。

2.3.3 命令按钮

在应用程序中,命令按钮(CommandButton)通常被用于接收用户的单击动作后执行指定的操作。

1. 主要属性

(1) Cancel

该属性被设置为 True 时,按 Esc 键与单击该命令按钮的操作相同。在同一窗体中,只允许有一个命令按钮的 Cancel 属性被设置为 True。

(2) Default

该属性被设置为 True 时,按回车键与单击该命令按钮的操作相同。在同一窗体中,只允许有一个命令按钮的 Default 属性被设置为 True。

(3) Caption

该属性设置在按钮上显示的文字。可以在字母前加 & 使程序运行时标题中的字母下有下划线,当用户按 Alt＋该字母键时,便可激活并操作该按钮。

(4) Style

用来设置或返回一个值,该值用来指定控件的显示类型和操作。

0(默认)表示按钮上不显示图形。

1 表示图形,按钮上可以显示图形的样式,也能显示文字。

(5) Picture

只有当 Style 的属性值为 1 时,设置 Picture 属性可以显示图形。

(6) ToolTipText

使用此属性以较少的文字解释按钮对象的功能。

2. 主要事件

命令按钮的常用事件是 Click 单击事件。应该注意的是,命令按钮不支持双击(DblClick)事件。

【例 2-5】 分别制作两个按钮用来改变标签的文本颜色和背景色,并制作一个具有图标的按钮用来结束程序。各控件参数见表 2-4。

表 2-4　各控件属性

控 件 名 称	Caption	字体大小	Style	Picture
Form1	按钮操作示例	四号		
Label1	HELLO VB	小一		
Command1	改变背景	四号	0-	空
Command2	改变文字	四号	0-	空
Command3	空		1-	ARW09RT

程序运行界面如图 2-18 所示。

事件代码如下：

```
Private Sub Command1_Click()
    Label1.ForeColor=vbRed
End Sub

Private Sub Command2_Click()
    Label1.BackColor=vbYellow
End Sub

Private Sub Command3_Click()
    End
End Sub
```

图 2-18　运行界面

注意：

(1) 在设置颜色时可以使用多种形式：以十六进制表示，如黑色表示为 H80000000；通过 QBColor() 或 RGB() 函数实现；还可以使用 VB 中的系统常量值 vbRed(红色)、vbYellow(黄色)等。

(2) 在设置标签控件时可以适当调整其边框大小。

2.3.4　文本框

文本框(TextBox)是文本的编辑区域，在设计和运行期间可以在区域中输入、编辑、修改和显示文本。

1. 主要属性

(1) MaxLength。用于设置允许在文本框中输入的最多的字符个数。默认值为 0，表示任意字符长；非零值为文本框中允许输入的字符的最多个数。

(2) MultiLine。当属性值为 False 时，文本框中只能输入单行文本；当其值为 True 时，可以使用多行文本，在输入行尾可以自动换行。

(3) Text。用来设置文本框中显示的内容。例如，Text1.Text＝"这是一个文本框"将在文本框中显示"这是一个文本框"。

（4）ScrollBars。当 MultiLine 属性为 True 时，ScrollBars 属性才有效。其属性值如下：

0 表示无滚动条。

1 表示水平滚动条。

2 表示垂直滚动条。

3 表示水平滚动条和垂直滚动条。

当加入水平滚动条后，文本框的自动换行功能将不起作用，只能通过回车键换行。

（5）PassWordChar。用于设置密码输入。该属性默认状态下时为空字符串（并非空格），如果把该属性设置为字符"＊"，则用户在文本框中输入字符时显示的是设置的字符。事实上，文本框中的内容仍然是所输入的文本，只是显示结果以字符出现。

（6）SelStart。定义当前选择的文本的起始位置。第一个字符的位置为 0，后面的依次类推。

（7）SelLength。定义当前选中的字符个数。该属性会随着选择字符数的多少而改变。

（8）SelText。该属性含有当前所选择的文本字符串。

（9）Locked 属性。该属性设置文本框是否可以编辑。默认 False 时，可以编辑文本框中的文本；当设置为 True 时，可以滚动和选择文本框中的文本，但不能编辑。

（10）其他。 FontName、 FontSize、 FontBold、 FontItalic、 FontStrikethru、FontUnderline 是与字体输出形式相关的几个重要的常用属性。

很明显，这些属性都与字体有关，许多控件都有这些属性。通常它们在设计阶段可以双击 Font 属性来设置，运行期间可以直接设置。它们的意义见表 2-5。

表 2-5　与字体输出的相关属性

FontName	字体的名称	FontItalic	字体是否用斜体显示
FontSize	字体的大小	FontStrikethru	字体是否有删除线
FontBold	字体是否用粗体显示	FontUnderline	字体是否有下划线

例如，Text1. FontBold＝True，将把 Text1 文本框的 FontBold 属性设为 True。

【例 2-6】　建立一个文本框，有关窗体和文本框属性如表 2-6 所示，要求当选中文本框中的文字后，单击窗体在窗体上打印出所选文字，效果如图 2-19 所示。

表 2-6　各控件属性

控件名	属性名	属性值
Form1	FontSize	12
Text1	MultiLine	True

图 2-19　运行界面

事件代码如下:

```
Private Sub Form_Click()
    Print Text1.SelText
End Sub
```

例如,程序运行时首先输入文字,然后选中其中的部分文字后,Text1. SelText 值为"显示文字",Text1. SelStart 值为选定文字的开始位置,即"显"字在该段文字的位置,Text1. SelLength 值为 4。

2. 事件和方法

文本框的主要事件有以下几个。

(1) Change

当用户向文本框中输入新信息,或程序把 Text 属性设置为新值从而改变文本框的 Text 的属性时将触发 Change 事件。

(2) GotFocus

一个处于可以接收用户输入数据状态的对象,被称为该对象此时具有焦点,当焦点进入文本框时触发 GotFocus 事件,键盘上输入的每个字符都将在该文本框中显示出来。只有当一个文本框被激活并可见时,才能收到焦点。

(3) LostFocus

当按下 Tab 键时使光标离开当前文本框或者用鼠标选择窗体中的其他对象,即焦点离开文本框时,触发该事件。

(4) KeyPress

当用户按下并且释放键盘上的能够产生 ACSII 码的键时,就会引发文本框的 KeyPress 事件,包括数字、大小写的字母、Enter、Backspace、Esc、Tab 等键。

SetFocus 是文本框的常用方法,格式为:

对象名. SetFocus

该方法可以把输入光标移到指定的文本框中。在窗体上建立了多个文本框后,可以用该方法把光标置于所需要的文本框中。

【例 2-7】 简单的文本框操作示例,各控件对象参数见表 2-7,运行效果如图 2-20 所示。

表 2-7　各控件属性

控件名称	Caption	字体大小	Locked
Form1	文本框操作示例	小四	
Label1	请在下面的文本框中输入:	三号	
Label2	你输入的内容是:	三号	
Text1		小四	Flase
Text2		小四	True
Command1	执行	三号	

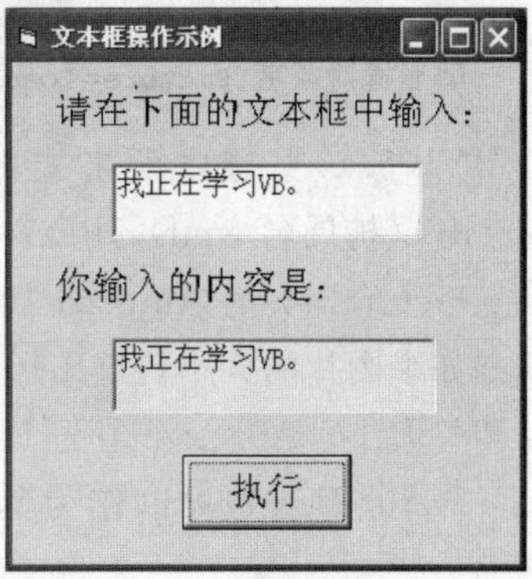

图 2-20　运行界面

事件代码如下：

```
Private Sub Command1_Click()
    Text2.Text = Text1.Text
End Sub
```

注意：

（1）Text2 的 Locked 属性设置为 True，表明不允许对文本框进行编辑。

（2）本题通过用户单击命令按钮确认输入完成，并激发命令按钮单击事件，将用户输入在文本框 1 中的内容如实反馈输出在文本框 2 中。

2.3.5 图形框和图像框

用来显示图形和图片的两种基本控件。

1. 图形框（PictureBox）

图形框除了显示图片外，也可以作为其他控件的容器。它的主要属性是 Picture 属性，决定其中显示的图片内容。在图形框中加载图片的方法有以下两种。

方法一：在设计界面设置其 Picture 属性。步骤如下。

（1）选中设计界面的图形框控件对象；

（2）在其属性窗口中选择 Picture 属性；

（3）单击设置框右方的 ... 按钮，在弹出的加载图片对话框中选择需要添加的图片。

方法二：在代码窗口可以使用 LoadPicture()函数装入图片，在程序运行时会自动将图片加载进来。其格式如下。

图形框对象 .Picture＝LoadPicture("图形文件名")

卸载图片的方法也有以下两种。

方法一：在设计界面中将其 Picture 属性清空。

方法二：在代码窗口中可以使用 LoadPicture()函数卸载，格式为：

图形框对象名 .Picture＝LoadPicture("")

VB 6.0 支持以下格式的图形文件：Bitmap（扩展名 bmp）、Icon（扩展名 ico）、Metafile（扩展名 wmf）、JPEG（扩展名 jpg）、GIF（扩展名 gif）。

PictureBox 的 Autosize 属性为 True 时，图形框能自动调整大小与显示的图片匹配，但是如果图片的大小超过图形框所在的窗体，则只能显示部分图片，因为窗体本身无法自动调整大小。Autosize 值为 False，则图形框不能自动改变大小来适应其中的图片。

PictureBox 也可以作为其他控件的容器。这些控件会随着 PictureBox 的移动而移动。

2. 图像框(Image)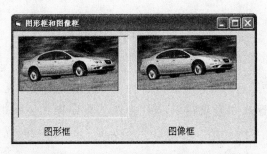

在窗体上使用图像框和图形框的步骤相同。但图像框没有 Autosize 属性,而是用 Stretch 属性来自动调整图像框中图形内容的大小。当其值为 True 时,装入的图片自动适应图像框的大小,当其值为 False 时,图像框自动适应图片的大小。

图片框和图像框都可以接收 Click 和 DblClick 事件。

3. 图形框与图像框的区别

(1) 图形框可以作为容器使用,但图像框不行。

(2) 图形框可以通过 Print 方法接收文本(参见例 2-1),并可以接收由像素组成的图形,参见 2.6.2 小节;图像框不能接收用 Print 方法输出的信息,也不能用绘图方法在图像框中绘制图形。

(3) 图像框比图形框占用的内存少,显示速度快。如果在图形框和图像框都能满足需要的情况下,应该先考虑使用图像框。

【**例 2-8**】 分别用图形框和图像框加载图片,并比较图像框的 Stretch 和图形框的 Autosize 属性。

分别在窗口中拖放图形框和图像框控件对象。编写如下事件代码:

```
Private Sub Form_Load()
  Picture1.Height=2175
  Picture1.Width=3015
  Picture1.Picture=LoadPicture(App.Path+"\Car3666.jpg")
  Image1.Picture=Picture1.Picture
End Sub
```

程序运行如图 2-21 所示。

图 2-21　图像框的 Stretch 和图形框的 Autosize 属性均为 False

默认状态下,图形框的 Autosize 属性为 False,图像框 Stretch 属性为 False;将二者的两个属性设为 True 时,观察其效果,如图 2-22 所示。

【**例 2-9**】 在图像框中放入图片"世界卫生组织.jpg",利用 Move 方法,让其自动下、向右移动,如图 2-23 所示。

事件代码如下:

```
Private Sub Form_Load()
    Image1.Picture=LoadPicture(App.Path+ "\世界卫生组织.jpg")
End Sub
Private Sub Command1_Click()
    Image1.Move Image1.Left, Image1.Top-50
End Sub
Private Sub Command2_Click()
    Image1.Move Image1.Left+ 50, Image1.Top
End Sub
```

注意：Move 方法用于移动窗体和控件，并可改变其大小。形式为

[对象.]Move 左边距离 **[,**上边距离 **[,**宽度 **[,**高度 **]]]**

对象可以是窗体图形框等多种控件，时钟和菜单控件不能移动。所有的距离和宽、高都以 twip 为单位；移动对象如果是窗体，则左边距离和上边距离分别是指屏幕左边界和上边界。

图 2-22　图像框的 Stretch 和图形框的 Autosize 属性均为 True

图 2-23　Move 方法

2.4　程序的调试

程序编辑好后，在运行时经常会发现各种各样的错误使程序无法正常运行，达不到预期的结果，这时需要查找和修改错误，VB 为调试程序提供了一组交互的、有效的调试工具。

2.4.1　常见错误

1. 编辑时错误

如果设置了自动检测语法错误，则当用户在代码窗口编辑代码时，VB 会对程序进行语法检查，当发现语句没有输完、关键字输错等情况时，系统会弹出对话框，提示出错，并在错误处加亮显示，或出错部分变成红色，以便用户修改。

例如,语句写得不完整,按回车键,系统会显示出错信息,如图 2-24 所示。

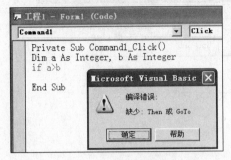

图 2-24 编辑错误

图 2-25 编译错误

2. 编译时错误

指用户单击了"启动"按钮,VB 开始运行程序前,先编译执行的程序段时产生的错误,此错误是由于用户未定义的过程名、变量名、遗漏关键字等原因而产生的。发现错误时,系统会停止编译,以高亮显示出错处,提示用户修改。

例如,在输入 Print 时不小心出错,系统认为这是一个未定义的函数或子过程编译时没有通过,如图 2-25 所示。

3. 运行时错误

指 VB 在编译通过后,运行代码时发生的错误,一般是由于指令代码执行了非法操作引起的,如数据类型不匹配,试图打开一个不存在的文件,无效的过程或参数调用等。系统会报错并加亮显示、等候处理。

如使用函数 QBColor 设置背景色,参数 34 超出了范围 0～15,会在运行时单击命令按钮出错,并提示这是一个无效的参数。这时单击"调试"按钮,会进入中断模式,错误处以高亮显示,在此模式下可以进行修改,修改完成后,重新运行该程序即可,如图 2-26 和图 2-27 所示。

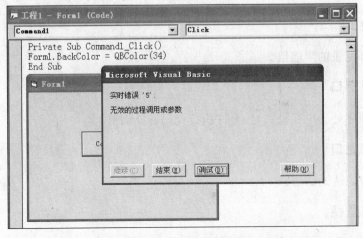

图 2-26 运行错误信息

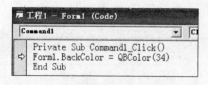
(a) 高亮显示错误区域

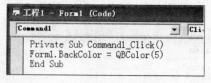
(b) 修改错误

图 2-27　错误显示及修改

4. 逻辑错误

如果程序运行后,没有出现语法或编译错误,但就是得不到所希望的结果,则说明存在逻辑错误。如运算符使用不正确,语句的次序不对,循环语句的起始、终值不正确。对于这种错误系统不会报错,需要用户自己分析判断。

2.4.2　VB 的调试工具

1. 切换断点

在代码窗口中确定一行,VB 在该行终止应用程序的执行。

2. 跟踪

执行应用程序代码的下一个可执行行,并跟踪到过程中。

3. 单步

执行应用程序代码的下一个可执行行,但不跟踪到过程中。

4. 跳出

执行当前过程的其他部分,并在调用过程的下一行中断执行。

5. 本地窗口

显示局部变量的当前值。

6. 立即窗口

当应用程序处于中断模式时,允许执行代码或查询值。

7. 监视窗口

显示选定表达式的值。

8. 快速监视

当应用程序处于中断模式时,列出表达式的当前值。

9. 调用堆栈

当处于中断模式时,呈现一个对话框显示所有已被调用但尚未完成运行的过程。

2.4.3　VB 程序的调试

1. 使用插入断点和逐句语句跟踪功能

方法一:在设计模式下单击某语句左边的空白处,这一行就被加亮显示,并在卡面出现一个圆点,该行代码就被设置了断点。

方法二:将光标移到要设置的中断语句上,单击"调试"工具栏中的"切换断点"按钮。跟踪程序运动轨迹,包括逐语句、逐过程、运行到光标处、跳出等。

2. 通过调试窗口观察变量的值

为了观察变量在程序运行中的变化,可以在中断模式下通过鼠标指向要检查的变量来显示其值。还可以通过立即窗口、监视窗口和本地窗口观察变量值。

(1)立即窗口

在程序代码中利用 Debug、Print 方法可将输出送到立即窗口,也可以在立即窗口中直接使用 Print 语句或"?"显示输出。

(2)本地窗口

该窗口显示当前过程中所有的变量值,当程序从一个过程切换到另一个过程时,本地窗口的内容会随之改变,它显示的是当前过程中的可用变量。

(3)监视窗口

监视窗口可显示当前的监视表达式。这需要在设计阶段单击"调试"→"添加监视"命令添加监视表达式,在运行时的监视窗口根据所设置的监视类型显示相应的信息。

2.4.4　错误陷阱

一个好的应用程序,不仅体现在它的功能强大与易操作性上,还体现在它完善的错误处理能力上。在编写程序时,要充分考虑到程序运行时可能会遇到的各种错误。如在做除法运算时,用户输入的除数可能为 0。

当应用程序在 VB 环境中运行时,遇到错误将终止程序运行,返回到 VB 设计模式环境,当应用程序被编译成 EXE 文件,在 Windows 环境中运行时,一旦发生错误,Windows 将终止应用程序的执行,并将控制权交还给 Windows 系统,显然,这种处理方法不是所希望的。一般应用程序都会在运行时捕捉到错误,并且给出提示,以便用户采取措施。

在 VB 中,要增强应用程序的处理的能力,需要做以下两步工作:第一,设置错误陷阱;第二,编写错误处理程序。

VB 提供了 On Error 语句来设置错误陷阱及捕捉错误,On Error 语句有以下 3 种形式。

- On Error Goto 语句标号:在发生运行错误时,转到语句标号所指定的程序块执行错误处理程序,指定的程序块必须在同一过程中,错误处理程序的最后必须加上 Resume,以告知返回位置。
- On Error Resume Next:在发生运行错误时,忽略错误,转到发生错误的下一条语句继续运行。
- On Error Goto 0:停止错误捕捉,由 VB 直接处理运行错误。

Resume 语句应放置在出错处理程序的最后,以便错误处理完毕后,指定程序下一步做什么。Resume 也有以下 3 种形式。

- Resume 标号:返回到标号指定的行继续执行,若标号为 0,则表示终止程序执行。
- Resume Next:跳过出错语句,返回到出错的下一条语句继续执行。
- Resume:返回到出错语句处重新执行。

在 On Error 语句捕捉到错误以后,Err 对象的 Number 属性(Err. Number)返回错误的代号,通过错误代号即可知道引发错误的原因。在编写错误处理程序时,一般使用 If Err. Number 语句或 Select Case Err. Number 语句来判断错误的类型。

VB 提供的 Error 函数用于返回错误信息,其语法为

Error(错误代号)

例如,代码 Form1. Print Error(11)表示单击按钮在窗体打印错误语句:除数为 0。
表 2-8 列出了常见错误及其说明。

表 2-8　常见错误及其说明

错误号	说　　明	错误号	说　　明
5	无效的过程调用或参数	55	文件已打开
6	溢出	57	设备 I/O 错误
7	内存溢出	58	文件已经存在
9	下标越界	61	磁盘已满
11	除数为 0	62	输入超出文件尾
13	类型不匹配	67	文件太多
28	堆栈空间溢出	68	设备不可用
35	子程序或过程未定义	71	磁盘未准备好
48	加载 DLL 时错误	75	路径/文件访问错误
49	DLL 调用约定错误	76	路径未找到
51	内部错误	90	With-End With 块错误
52	错误的文件名	91	对象变量为定义
53	文件找不到	92	循环未初始化
54	错误的文件模式	93	非法模式字符串

2.5　应用程序的发布

一个工程文件制作完成后要发布其应用程序,方法有两种:第一,生成应用程序的可执行文件;第二,利用 VB 6.0 的 Package & Deployment 工具将应用程序制作成安装盘。

2.5.1　生成应用程序的可执行文件

例如,将应用程序 ex02_10.vbp 生成可执行文件,步骤如下:

(1) 单击"文件"→"生成 ex02_10.exe"命令,弹出"生成工程"对话框。

(2) 单击"选项"按钮,打开"工程属性"对话框,该对话框中有"生成"和"编译"两个标签。

(3) 选中"生成"标签,在"版本号"中可以设置主版本、次版本和修正号,若选中"自动升级",则每当再次生成应用程序的可执行文件时,VB 6.0 就会自动升级修正号;在"应用程序"栏目中可以为应用程序指定一个新的"标题"和更适合的"图标";在"版本信息"栏目中可以设置产品名、公司名、商标、版本以及注释信息。

(4) 选中"编译"标签,在两种编译方式中选择一种:"编译为 P-代码"或"编译为本机代码"。前者指定编译后的可执行文件包含的是一种中间代码 P-代码;而后者则把应用程序编译成机器指令,这样生成的可执行文件速度更快,并且这种方式下,还可以进一步指定编译的优化方式以及编译结果是否带有调试信息。

(5) 单击"确定"按钮,回到"生成工程"对话框,再单击"确定"按钮,即开始生成可执行文件。

双击生成的可执行文件的图标,应用程序便可以执行了。

2.5.2　将应用程序制作成安装盘发布

VB 6.0 提供了一组独立的实用工具,其中一个是 Package & Deployment(打包和发布向导),可以用来制作符合 Windows 标准的应用程序安装盘。

具体步骤如下:

(1) 单击"开始"→"所有程序"→"Microsoft Visual Basic 6.0 中文版"→"Microsoft Visual Basic 6.0 中文版工具"→"Package & Deployment 向导"命令,即启动了这个向导,如图 2-28 所示。

注意:先要关掉应用程序,再运行此向导。

(1) 在对话框中的"选择工程"文本框中输入工程文件的路径和名称,或通过"浏览"按钮选择,然后单击"打包"图标。

(2) 打开图 2-29 所示对话框。确认选择默认选项"标准安装包",单击"下一步"按钮。

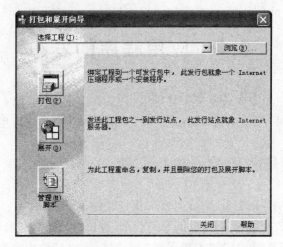

图 2-28 第一个对话框

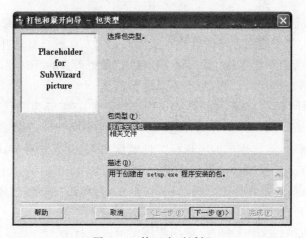

图 2-29 第二个对话框

（3）打开图 2-30 所示对话框。

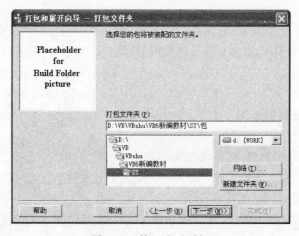

图 2-30 第三个对话框

Visual Basic 程序设计应用教程（第二版）

（4）继续单击"下一步"按钮，会弹出提示信息确认是否创建包，选择"是"即可。然后打开图 2-31 所示窗口。

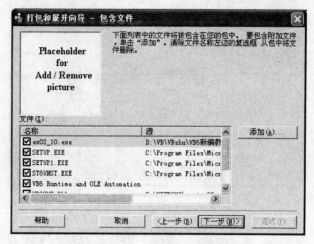

图 2-31　第四个对话框

（5）单击"下一步"按钮，打开第五个对话框，如图 2-32 所示。

图 2-32　第五个对话框

（6）单击"下一步"按钮，打开第六个对话框，如图 2-33 所示。输入安装程序标题：explore。

（7）单击"下一步"按钮，打开图 2-34 所示对话框。

（8）单击"下一步"按钮，打开图 2-35 所示对话框。

（9）单击"下一步"按钮，打开图 2-36 所示对话框。

（10）单击"下一步"按钮，打开图 2-37 所示对话框。

（11）最后单击"完成"按钮。现在，应用程序被成功打包成一个软件包，可以将其发布到网上，也可以刻录成光盘。以后只要打开这个包找到其中的 setup. exe 并双击将其安装即可。

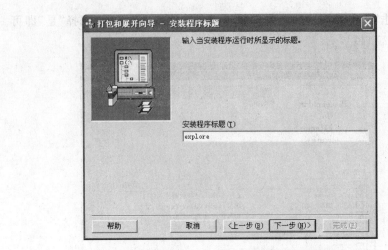

图 2-33　第六个对话框

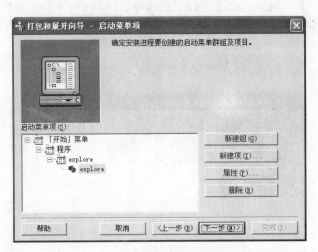

图 2-34　第七个对话框

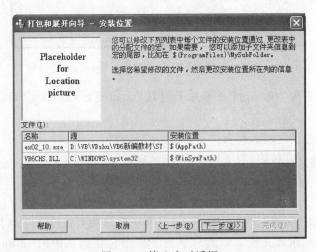

图 2-35　第八个对话框

Visual Basic 程序设计应用教程(第二版)

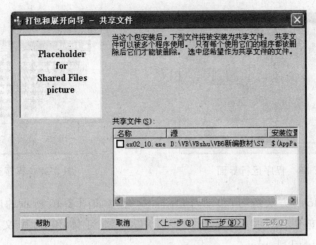

图 2-36　第九个对话框

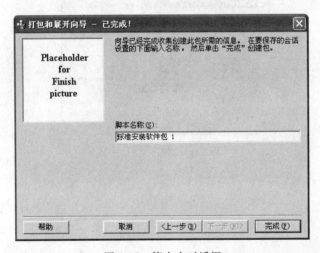

图 2-37　第十个对话框

习　　题

习题 2.1　练习文本框的建立，Print 方法的使用。设计如图 2-38 所示的应用程序界面，能够完成将用户输入的信息在窗体上打印出来的功能，每次打印完成后将文本框全部清空，焦点回到第一个文本框。将窗体存为 vbsy2_1.frm，工程文件存为 vbsy2_1.vbp。

习题 2.2　Print 和 Cls 方法练习。利用 Print 方法在窗体的 Click 事件中完成打印如图 2-39 所示的习题图形效果，利用"清屏"按钮将习题图形清除，保存窗体为 vbsy1_3.frm，保存工程为 vbsy1_3.vbp。

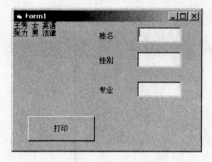

图 2-38　程序运行界面

图 2-39　程序运行界面

习题 2.3　Move 方法练习，移动习题图片。建立如图 2-40 所示的应用程序界面，实现每单击一次按钮，图片向该方向移动 50，将窗体和工程文件分别保存为 vbsy1_4.frm 和 vbsy1_4.vbp。

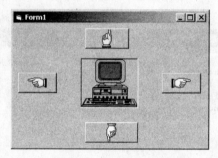

图 2-40　程序运行界面

第 **3** 章 VB 程序设计基础

3.1 数 据 类 型

数据类型的使用在任何程序设计语言中都是必不可少的,它决定了各种数据在计算机中的存储方式及处理方法等,VB 也不例外。在 VB 中,允许使用的有如下几种数据类型。

1. 数值数据类型

用于表示某种数值类的数据,包括 Integer(整型)、Long(长整型)、Single(单精度浮点型)、Double(双精度浮点型)、Currency(货币型)和 Byte(字节型)。

(1) Integer 和 Long 型用于保存不带小数的数字,两者的最大区别在于它们在计算机中所占的存储空间不同因而表示的数值范围也不同。

Integer 型占 2 字节(即共 16 位),因第一位表示正负符号位,所以表示整数的范围为 $-2^{15} \sim 2^{15}-1$,即 $-32768 \sim 32767$。

Long 型占 4 字节(即共 32 位),因第一位表示正负符号位,所以表示整数的范围为 $-2^{31} \sim 2^{31}-1$,即 $-2147483648 \sim 2147483647$。

可见,Long 型变量可以存储较大的整数,而 Integer 型变量可以存放较小的整数。

(2) Single 和 Double 型用于保存带小数的数字。

Single 型占 4 字节,精度为 7 位,能表示的正数范围为 1.401298E-45 ～ 3.402823E38,负数范围为 $-3.402823E38 \sim -1.401298E-45$。

Double 型占 8 字节,精度为 16 位,能表示的正数范围为 4.94065645841247E-324 ～ 1.79769313486232E308,负数范围为 $-1.79769313486232E308 \sim -4.94065645841247E-324$。

可见,一般对精度要求较高的数值可以采用 Double 型,而对精度要求不高的数值可以采用 Single 型。

(3) Currency 型适用于整数,也适用于带小数的数值,只是对此数值有明确的位数限制,要求小数点左边有 15 位数字,而小数点右边有 4 位数字。占 8 字节,能表示数的范围为 $-922337203685477.5808 \sim 922337203685477.5807$。

(4) Byte 型用于表示并存储二进制数据。占 1 字节，能表示 0～255 的整数范围。一般在表示一个二进制数据时，可以使用一个字节型变量。对整数类型适用的运算，除了"取负"的一元运算，均可适用于字节型变量。

2. 逻辑数据类型

逻辑(Boolean)类型用于表示只有两种相反取值的数据，适合于逻辑判断的情况，它只有 True 与 False 两个值。

3. 字符数据类型

字符(String)类型用于表示由多个字符组成的字符串。字符可以包括所有的西文字符和汉字，字符两侧用英文输入方式中的双引号括起来。

4. 日期数据类型

日期(Date)型数据用于表示日期和时间，它可以接受多种表示形式的日期和时间。表示的日期范围从公元 100 年 1 月 1 日到 9999 年 12 月 31 日，时间范围为 0:00:00～23:59:59。赋值时用两个"#"符号把表示日期和时间的值括起来。

5. 变体数据类型

变体(Variant)数据类型能够存储所有系统定义类型的数据，如果把它们赋予 Variant 类型，则不必在这些数据的类型间进行转换，VB 会自动根据上下文的需要完成任何必要的转换。

6. 对象数据类型

对象(Object)类型可用来引用应用程序中或某些其他应用程序中的对象。然后用 Set 语句指定一个被声明为 Object 的变量去引用应用程序所识别的任何实际对象。例如：

```
Dim objDb As Object
Set objDb=OpenDatabase("c:\Vb6.0\student.mdb")
```

注意：在声明对象变量时，应使用特定的类，而不用一般的 Object(例如用 TextBox 而不用 Control，如上面的例子，用 Database 取代 Object)。运行应用程序之前，VB 可以决定引用特定类型对象的属性和方法。因此，应用程序在运行时速度会更快。

3.2 常量和变量

计算机要处理的各种类型数据必须存在于内存单元中。与其他程序设计语言一样，VB 要对内存单元中的数据进行调用，就要通过该内存单元名来访问，而内存单元名就是用户定义的常量或变量。

3.2.1　常量和变量的命名规则

在 VB 6.0 中,必须按如下规则命名一个常量或变量。

(1) 不能使用 VB 中的关键字。

(2) 首字符必须是字母或汉字,其余字符可以为字母、汉字、数字或下划线,不可再包含其他类型字符,长度不超过 255 个字符。

例如下面列举的这些变量名是正确的:Inta、a、医德、师_9、y8。而下面列举的这些变量名是不正确的:

```
Sub          '是 VB 中的关键字
255x         '不允许以数字开头
_xy          '不允许以下划线开头
x-y          '不允许出现减号
a&b          '不允许出现符号 &
xing ming    '不允许出现空格
```

3.2.2　常量

在 VB 中,用常量表示在整个程序中事先设置的、不会改变数值的数据。一般对于程序中使用的常数,能够用常量表示的尽量使用常量表示。这样可以将无意义的单纯数字用有含义的符号来表示,增强程序的可读性。

在 VB 中使用的常量可大致分为 3 种:直接常量、系统内部定义常量和用户定义常量。

1. 直接常量

(1) 字符串常量

字符串常量就是用双引号括起来的一串字符。这些字符可以是除双引号和回车键、换行符以外的所有字符。如果一个字符串仅有双引号(即双引号中无任何字符,也不含空格),则称该字符串为空串,如"a"、"5"、""、"Hello2010"。

(2) 数值常量

数值常量共有 5 种表示方式:整数、长整数、定点数、浮点数和字节数。

在 VB 中,整数或长整数除了十进制的表示方式外,还有八进制和十六进制的表示方式,八进制只能由数字 0~7 组成,并以 &O 引导;十六进制由数字 0~9、A~F 或 a~f 组成,并以 &H 引导。

定点数是带有小数点的正数或负数,定点数可以是单精度也可以是双精度。

浮点数分为单精度浮点数和双精度浮点数,分别以符号 E 和 D 表示乘以 10 的幂次。

字节数是从 0~255 的无符号数,所以不能表示负数。

下面分别对各种类型的表示方式进行了列举,如:

整型常数:268、−7、0

长整型常数:268&、−7&、0&

八进制常数:&O567、&O132、&O0

十六进制常数:&H56CE、&HABEF、&H0

定点数:3.1415、−100.85、0.0

浮点数:1.23E+10、−0.52E8、−1.23D+10、0.5D-24

字节数:86、100、0

(3) 布尔常量

布尔常量只有 True(真)和 False(假)两个值。

(4) 日期常量

用两个"♯"符号把表示日期和时间的值括起来表示日期常量,如 ♯11/28/2008♯。

2. 系统内部定义常量

内部或系统定义的常量是 VB 应用程序和控件提供的。这些常量可与应用程序的对象、方法和属性一起使用,在代码中可以直接使用它们。可以在"对象浏览器"中查看内部常量。单击"视图"→"对象浏览器"命令,打开"对象浏览器"对话框。在下拉列表框中选择 VB 或 VBA 对象库,然后在"类"列表框中选择常量组,右侧的成员列表中即显示预定义的常量,窗口底端的文本区域中将显示该常量的功能。

在程序员为属性或方法变量输入数据时,应该检查一下是否有系统已经定义好的常量可供使用,使用系统常量可使代码具备自我解释功能,易于阅读和维护。

例如,按钮 Command1 的 Style 属性可接受常量 Standard 和 Graphical(也可相应接受数值 0 和 1),分别表示在按钮上不能显示图形和在按钮上可以显示图形。很显然,若要使按钮具备显示图形的功能,则在程序中使用语句 Command1.Style=Graphical 要比 Command1.Style=1 更容易理解和阅读。

3. 用户定义常量

尽管 VB 内部定义了大量的常量,但是为了便于程序的阅读和修改,有时用户需要把程序中经常用到的某些常数值定义成自己的符号常量。用户定义常量使用 Const 语句来给常量分配名字、值和类型。声明常量的语法为:

```
[Public|Private] Const <常量名>[As <数据类型>]=<表达式> …
```

[Public|Private]:若用 Public 声明为全局常量,则需在模块中定义。

<常量名>:命名规则与建立变量名的规则一样,但习惯上用大写字母表示,便于与变量名的区分。

As <数据类型>:指明了该常量的数据类型,若省略该选项,则数据类型由表达式决定。也可在常量名后加类型符来指明其类型。

<表达式>:由数值常量、字符串等常量及运算符组成,可以包含前面定义过的常

量,但不能使用函数调用。

例如,以下都是正确的用户定义常量:

```
Const PI= 3.14              '声明了单精度型常量 PI,代表 3.14
Const PI#= 3.14             '声明了双精度型常量 PI,代表 3.14
Public Const IMAX As Integer= 255   '声明了全局整型常量 IMAX,代表 255
Public Const IMIN= IMAX/3    '声明了全局整型常量 IMIN,代表 85(IMAX 常量已定义)
Const DDATE= #10/20/2010#    '声明了日期型常量 DDATE,代表 2010 年 10 月 20 日
```

注意:一个常量可以用另外一个常量来定义,但在使用时要避免出现循环定义的情况。例如,如下定义两个全局变量,就会出现循环定义的情况,导致程序无法正常运行。

```
Public Const MAX= MIN * 5
Public Const MIN= MAX/5
```

3.2.3 变量

在 VB 中,用变量来表示程序运行过程中其值可发生变化的量。变量名表示其中存储的数据,变量类型表示其中存储的数据的具体类型。因此每个变量必须有一个唯一的变量名字和相应的数据类型。

1. 声明变量

(1) 隐式声明

在 VB 中使用一个变量时,可以不加任何声明而直接使用,叫做隐式声明。所有隐式声明的变量都是 Variant 类型的,使用这种方法虽然简单,但却容易在发生错误时令系统产生误解。不便于 VB 初学者的学习使用。所以一般对于变量最好先声明,然后再使用。

(2) 显式声明

显式声明是指每个变量必须事先做声明,才能够正常使用,否则会出现错误警告。可在各窗体或模块的通用部分设置如下语句来设置变量的显示声明:Option Explicit。

在 VB 中,变量可被声明为在不同范围内使用,根据范围和使用规则的不同可分为 4 种:普通局部变量、静态局部变量、窗体/模块级变量和全局变量,如表 3-1 所示。

表 3-1 变量的分类

作用范围	普通局部变量	静态局部变量	窗体/模块级变量	全局变量	
				窗体	标准模块
声明方式	Dim	Static	Dim、Private	Public	
声明位置	在过程中	在过程中	窗体/模块的"通用"部分	窗体/模块的"通用"部分	
再次调用过程,变量是否初始化	是	否	否	否	

作用范围	普通局部变量	静态局部变量	窗体/模块级变量	全局变量	
				窗体	标准模块
能否被本模块的其他过程存取	不能	不能	能	能	
能否被其他模块存取	不能	不能	不能	能,但在变量名前要加窗体名	能

① 普通局部变量。指在过程中用 Dim 语句声明的变量(或隐式声明的变量),只能在声明它的过程中使用,随过程的调用而分配存储单元并进行变量的初始化,变量在过程真正执行时才分配空间,过程执行完毕后即释放空间,变量的值自动消失。声明此类变量的格式如下:

Dim 变量名 [As 数据类型名] 或 Dim 变量名[类型符]

数据类型名:可使用表 3-2 中的各数据类型的关键字。

表 3-2 数据类型

数据类型	关键字	类型符	数据类型	关键字	类型符
整型	Integer	%	字节型	Byte	无
长整型	Long	&	逻辑型	Boolean	无
单精度型	Single	!	日期型	Date	无
双精度型	Double	#	变体型	Variant	无
货币型	Currency	@	对象型	Object	无
字符型	String	$			

[As 数据类型名]:可省略,默认为 Variant 类型。

[类型符]:可使用表 3-2 中各种数据类型相应的类型符,类型符与变量名之间无空格。

另外,一条 Dim 语句可以同时定义多个变量,但每个变量必须有自己的类型声明,类型声明不能共用。

如以下变量的声明均是正确的:

```
Dim a As Integer                    '声明了一个整型变量 a
Dim Inta%                           '声明了一个整型变量 Inta
Dim b#                              '声明了一个双精度型变量 b
Dim avg                             '声明了一个变体型变量 avg
Dim imax as Long,imin&,isum         '分别声明了长整型变量 imax 和 imin 及变体型变量 isum
```

② 静态局部变量。这种变量也只能在声明它的过程中使用,属于局部变量。但是与普通局部变量的差别在于:静态局部变量在整个程序运行期间均有效,并且过程执行结束后,只要程序还没有结束,该变量的值就仍然存在,该变量占有的空间不被释放。声明此类变量的格式如下:

Static 变量名 [As 数据类型名] 或 Static 变量名[类型符]

【例 3-1】 窗体中有按钮控件 Command1，以下是 Command1 的 Click 事件：

```
Private Sub Command1_Click()
    Dim a As Integer
    Static b As Integer
    a=a+1
    b=b+1
    Print "a="; a, "b="; b
End Sub
```

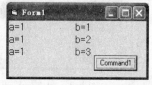

运行上述程序后，若连续单击 3 次 Command1，则运行结果如图 3-1 所示。

图 3-1　程序运行界面

③ 窗体/模块级变量。指在一个窗体/模块的"通用"部分用 Dim 或 Private 语句声明的变量，可以适用于该窗体/模块内的所有过程，但对其他窗体/模块内的过程不能适用。声明此类变量的格式如下：

Dim/Private 变量名 [As 数据类型名] 或 Dim/Private 变量名[类型符]

④ 全局变量。指在窗体或标准模块的"通用"部分用 Public 语句声明的变量，可被应用程序的任何过程和函数访问，全局变量的值在应用程序的执行过程中始终有效且不会被重新初始化，只有当该应用程序执行结束该值才会消失。程序中任何模块或窗体中对它的修改都会影响其他模块或窗体中该变量的值。声明此类变量的格式如下：

Public 变量名 [As 数据类型名] 或 **Public** 变量名[类型符]

说明：在同一过程中，不能定义相同名称的局部变量；在同一窗体/模块的"通用"部分不能定义相同名称的窗体/模块级变量；在同一窗体/模块的"通用"部分不能定义相同名称的全局变量。

若在同一模块中定义了不同级而有相同名的变量时，则系统通常情况下可区分且优先访问作用范围小的变量，但要慎用此情况，以免造成不必要的混淆。

【例 3-2】 在下面的程序中有一个按钮控件，其窗体 Click 事件中声明了不同级但有相同名称的变量。

```
Public pub As Integer            '全局变量 pub
    Private pri%                 '窗体/模块级变量 pri
    Private Sub Form_Click()
    Dim pub As Integer           '局部变量 pub
    pub=2                        '此处访问的为局部变量 pub
    pri=3 * pub                  '此处表达式右边访问的为局部变量 pub
    Form1.pub=4 * pub            '此处表达式右边访问的为局部变量 pub,左边引用的 pub 因前
                                  加窗体名故访问的为全局变量 pub
    Print "dim pub="; pub, "pri="; pri, "public pub="; Form1.pub
End Sub
Private Sub Command1_Click()
    Print "pub=" & pub           '此处访问的为全局变量 pub
```

End Sub

当以上程序运行时,若先单击窗体再单击按钮,则显示结果如图 3-2 所示。

以上结果对应的分别为局部变量 pub、窗体/模块级变量 pri、全局变量 pub 的值以及全局变量 pub 的值。

以上程序运行时,若先单击按钮再单击窗体,则显示结果如图 3-3 所示。

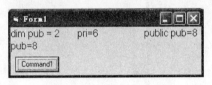
图 3-2　程序运行界面(1)

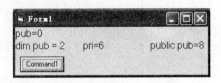
图 3-3　程序运行界面(2)

以上结果对应的分别为全局变量 pub 的初始化值 0 以及局部变量 pub、窗体/模块级变量 pri、全局变量 pub 的值。

2. 变量赋值

在声明一个变量后,还要先给变量赋上一个合适的值才能够使用。当然,对于不同数据类型的变量,系统会赋予其默认初始值,具体参见表 3-3。给变量赋值的格式如下:

变量名=表达式

表 3-3　不同数据类型变量的默认初始值

数据类型	数值型	逻辑型	字符型	日期型	变体型
默认初始值	0	False	""(即空字符串)	0:00:00	Empty

可以使用一个表达式的数值来给某个变量赋值。表达式是通过运算符和操作数组成的,一个普通的常量、变量也属于简单的表达式。

例如,给一个变量 vx,可以使用如下几种表达式进行赋值:

vx= 8

vx= vy

vx= vx+ vy * 2

其中的 vy 是一个已经赋过数值的变量。以上 3 个赋值语句都是合理的,均将右边表达式计算后的数值赋给变量 vx。

3.3　运算符和表达式

运算符在任何一门程序设计中都是必不可少的,通过运算符组成的表达式可以表现各式各样的操作。

3.3.1 运算符

运算符是代表某种运算功能的符号。程序会按运算符的含义和相应规则执行实际的运算操作。VB中的运算符包括数学运算符、字符串运算符、关系运算符和逻辑运算符。

1. 数学运算符

表3-4列出了VB中的数学运算符。表3-4实例中用到的Inta变量为整型变量,其值为5。

表 3-4　数学运算符

运算符	含　义	优先级	实　例	结　果	说　明
^	指数运算		2^3	8	相当于数学中的 2^3
—	负号		—Inta	—5	在单个操作数中做取负号运算
* /	乘　除	高 ↓ 低	Inta * 3 Inta/3	15 1.66666666666667	表示5的3倍 表示4被3除后的商
\	整除		Inta\3	1	返回相除后的整数部分
Mod	取余数		Inta Mod 3	2	返回相除后的余数部分
+ —	加　减		Inta+3 Inta—3	8 2	表示5加3 在两个操作数中做算术减运算,表示5减3

说明:

(1) 在VB中,除法(/)运算后的结果是一个浮点数,如1/5＝0.2,而结果不是0。

(2) 整除(\)运算符并不局限于操作数是整数,如果操作数是浮点数,则VB会先将其四舍五入转化为整数之后,再进行整除运算。例如:5\5.49＝1,而5\5.5＝0。

(3) 模运算符主要用于判断一个数字是否能被另外一个数字整除,如果操作数是浮点数,则VB也会先将两个操作数四舍五入之后,然后再取余。例如:5.4 Mod 1.5＝1,而5.5 Mod 1.5＝0。

(4) 算术运算符两旁的操作数应是数值型,若是逻辑型或数字字符型,则自动转换成数值类型后再运算。例如:

```
true+68          '结果是 67,逻辑量 True 转换为数值为-1
33-false         '结果是 33,逻辑量 False 转换为数值 0
5*"4"            '结果是 20,字符串"4"转换为数值 4
```

2. 字符串运算符

表3-5列出了VB中的字符串运算符。

表 3-5　字符串运算符

运算符	含　义	举　例	结　果	说　明
＋	字符串运算	"中西医"＋"结合"	"中西医结合"	两旁操作数均为字符型，则进行字符串连接
		"1000"＋"234"	"1000234"	
	数学运算	1000＋345	1345	两旁操作数均为数值型，则进行数学加运算
		12＋"56"	68	若一个操作数为数值型，另一个为非数字字符型，则进行数学加运算
		"9870"＋129	9999	
	错误使用	2010＋"上海博览会"	出错	若一个操作数为数值型，另一个为非数字字符型，则出错
＆	字符串运算	"VB" ＆ "程序设计"	"VB 程序设计"	无论该连接符两旁操作数是何种类型，均将操作数转换成字符串连接（在字符串和该运算符间应有一个空格）
		253 ＆ 69	"25369"	
		12 ＆ "56"	"1256"	
		2010 ＆ "上海博览会"	"2010 上海博览会"	

3. 关系运算符

关系运算符用来确定两个表达式之间的关系。其优先级低于数学运算符，各个关系运算符的优先级是相同的，结合顺序从左到右。关系运算符与操作数构成关系表达式，操作数可以是数值型、字符型，关系表达式的最后结果为逻辑值 True 或 False。关系运算符常用于条件语句和循环语句的条件判断部分。表 3-6 列出了 VB 中的关系运算符。

表 3-6　关系运算符

运算符	含　义	举　例	结　果	说　明
＝	等于	"xyz"＝"xy"	False	两边操作数的第三个字符不同
<>	不等于	"xyz"<>"XYZ"	True	大小写的 ASCII 码值不同
＞	大于	15＞3	True	按数值的大小比较
>=	大于等于	"中国"＞"China"	True	汉字字符大于西文字符
＜	小于	"15"＜3	False	按数值的大小比较
<=	小于等于	"15"<="3"	True	"1"比"3"的 ASCII 码值小
Like	字符串匹配	"abc" Like "? b ＊ "	True	"abc"包含在"? b ＊ "中
Is	对象一致比较			请看表后说明(5)

说明：

(1) 如果两个操作数是数值型，则按其大小比较；如果一个是数值型，另一个是数字字符型，则系统会先将数字字符型转换成数值型，再进行数值大小比较；如果一个是数值型，另一个是非数字字符型，则系统出错。

(2) 如果两个操作数是字符型，则按字符的 ASCII 码值从左到右一一比较，即首先比较两个字符串的第一个字符，其 ASCII 码值大的字符串大，如果第一个字符相同，则比较第二个字符,以此类推,直到出现不同的字符为止,否则会一直比较到最后一个字符。

(3) Like 运算符通常与通配符?、*、#、[字符列表]、[!字符列表]结合使用。其中,?表示任何单一字符,*表示零个或多个字符,#表示任何一个数字(0~9),[字符列表]表示字符列表中的任何单一字符,[!字符列表]表示不在字符列表中的任何单一字符。例如以下关系表达式的结果均是 True:

```
"ab" Like "a?"
"xyz" Like "*z"
"a5y" Like "?#y"
"mn" Like "?[m,n,p]"
"mb" Like "*[!m,n,p]"
```

(4) 对象关系用于比较两个变量引用的对象,如果两个对象引用同一个变量,那么返回 True,否则返回 False。对象关系只能比较对象类型,而不能比较其他类型。例如:

```
Dim ObjA as Object
Dim ObjB as Object
Set ObjA=ObjB
```

在这个语句中,执行的结果是使得 ObjA 引用 ObjB 所引用的对象,此时,语句 ObjA IS ObjB 的返回结果为 True。

4. 逻辑运算符

逻辑运算符用于判断操作数之间的逻辑关系,结果是逻辑值 True 或 False。表 3-7 列出了 VB 中的逻辑运算符。逻辑运算符除 Not 是单目运算符外,其余都是双目运算符。

表 3-7　逻辑运算符

运算符	含义	优先级	实例	结果	说明
Not	取反		Not True Not False	False True	当操作数为真时,结果为假; 当操作数为假时,结果为真
And	与	高 ↓ 低	True And True False And False True And False	True False False	当两个操作数均为真时,结果才为真,否则为假
Or	或		True Or True False Or True False Or False	True True False	当两个操作数中有且只有一个为真时,结果才为真,否则为假
Xor	异或		True Xor False False Xor False	True False	当两个操作数一真一假时,结果才为真,否则为假
Eqv	等价		True Eqv True False Eqv True	True False	当两个操作数相同时,结果才为真,否则为假
Imp	蕴含		True Imp False False Imp True True Imp True	False True True	当第一个操作数为真,第二个操作数为假时,结果才为假,否则结果均为真

3.3.2 表达式

在 VB 中,表达式由常量、变量、运算符、函数和圆括号按照一定的规则组成,用于执行运算、处理字符或者测试数据,返回的结果可能是数字类型的数据,也可能是字符串类型或者其他类型的数据,由表达式中数据和运算符共同决定。

1. 表达式的书写规则

VB 表达式的书写规则与数学表达式的常用格式不同,要注意区分。

(1) 要正确使用 VB 中规定的相应运算符,且不能省略书写任何运算符。如要表示 x 乘以 y、x 的 3 次方,应写成 x＊y,x^3,而写成 x×y 或 xy、x³ 均是不正确的。

(2) 无论表达式结构多么复杂,都只能出现圆括号且要配对,而不能使用其他类型的括号。

(3) 应从左往右将整个表达式书写在同一基准线上,而不能出现高低层次之分。

例如,要将数学表达式 $\dfrac{3|x-y|}{(2x+z)y^2}$ 在 VB 中表示,则必须要写成如下 VB 表达式:

$$3 * \text{Abs}(x-y)/((2 * x+z) * y\string^2)$$

其中,Abs()是 VB 中取绝对值函数。

2. 不同数据类型的转换

在 VB 的算术运算中,如果操作数属于不同的数值数据类型,则运算结果一般采用其中精度高的数据类型。但当 Long 型数据与 Single 型数据运算时,结果为 Double 型数据。

各种数值数据类型的精度比较如下:

```
Byte< Integer< Long< Single< Double< Currency
```

3. 优先级

当一个表达式中有多个同种类型的运算符时,其运算除了遵循从左至右顺序以及参照圆括号的作用外,同时可能还要考虑其优先级关系,比如前面所述的数学运算符、逻辑运算符。而当一个表达式中出现不同类型的运算符时,它们之间的运算顺序也有优先级关系,VB 的四类运算符优先级从高至低依次为:

```
算术运算符>字符运算符>关系运算符>逻辑运算符
```

如:

```
12 mod 20/4 * 2        '先计算/,再计算 * ,后计算 Mod,结果为 2
(12 mod 20)/4 * 2      '先计算 Mod,再计算/,后计算 * ,结果为 6
Not "AB"+"C">"A"       '先计算+,再计算>,后计算 Not,结果为 False
```

3.4 常用内部函数

为了方便编程时表达的需求,VB 提供了大量的标准函数,通常称为内部函数,以便用户在需要时进行相应的调用。内部函数按其功能大致可分为数学函数、字符串函数、类型转换函数、日期时间函数、格式输出函数、文件操作函数等。其中的文件操作函数将在第 10 章中详细介绍,本节介绍其他几种内部函数中的一些常用函数。

为了书写及用户阅读的方便,下面将用 n 表示数值表达式、c 表示字符串表达式、d 表示日期时间表达式。

1. 常见的数学函数

常见的几种数学函数如表 3-8 所示。

表 3-8　常见数学函数

函数名	含　义	举　例	结　果	说　明
Rnd[(n)]	产生随机数	Rnd	[0,1)之间的数	随机产生不定值
Sqr(n)	求平方根	Sqr(16)	4	需要 $n \geqslant 0$
Abs(n)	求 x 的绝对值	Abs(-16)	16	结果为 $\geqslant 0$ 的数
Sgn(n)	求 x 的符号	Sgn(-5.3) Sgn(0)	-1 0	当 $x>0$,返回 1;$x=0$,返回 0;$x<0$,返回 -1
Exp(n)	求以 e 为底的幂值,即求 e^n	Exp(2)	7.39	与 Log(n) 互为反函数,即 Exp(Log(n))$=n$
Log(n)	求以 e 为底的自然对数	Log(7.39)	2.0	需要 $n>0$,且与 Exp(n) 互为反函数,即 Log(Exp(n))$=n$
Sin(n)	求 n 的正弦值	Sin(0)	0	n 的单位是弧度
Cos(n)	求 n 的余弦值	Cos(0)	1	n 的单位是弧度
Tan(n)	求 n 的正切值	Tan(1)	1.56	n 的单位是弧度
Atn(n)	求 n 的反正切值	Atn(1)	0.79	n 的单位是弧度

注意：Rnd[(n)]函数产生一个在[0,1)区间均匀分布的随机数,该数是大于或等于 0 但小于 1 的双精度随机数,可省略参数 n。若 $n=0$,则给出的是上一次本函数产生的随机数。

在程序的一次运行中,Rnd 函数产生的返回值是随机的。但在程序的每次运行中,默认情况下该函数产生的是相同序列的随机数。为了每次运行时,能产生不同序列的随机数,可在使用该函数之前先执行 Randomize 语句。例如若在程序段中有如下语句:

```
Randomize
Print Rnd
```

则在程序的每次运行中,窗体中输出的结果都是完全随机不可预知的,是根据系统时间相关值得到的。

Rnd 函数产生的是[0,1]之间的双精度数,但生活中通常需要由该函数产生某区间如[n1,n2]之间的整数(n1、n2 均为整数),此时可用如下表达式得到需要区间的数: Int(Rnd * (n2−n1+1)+n1)。

例如要产生[1,100]之间的整数,则表达式转化为:

Int(Rnd * (100−1+1)+1)　　　　即 Int(Rnd * 100+1)

2. 字符串编码及函数

(1) 字符串编码

在 Windows 采用的 DBCS(Double Byte Character Set)编码方案中,一个汉字在计算机内存中占 2 字节,一个西文字符(ASCII 码)占 1 字节,但在 VB 中是采用 Unicode(ISO 字符标准)来存储字符的,所有字符都占 2 字节。

为了不同软件系统的使用,可以用 StrConv( )函数来对 Unicode 与 DBCS 进行转换,如可以用函数 Len( )函数求字符串的字符数,用 LenB( )函数求字符串的字节数。如:

```
Len("2008北京奥运会!")          '结果为 10
LenB("2008北京奥运会!")         '结果为 20
```

(2) 字符串函数

VB 包含的丰富字符串函数为用户编程时应用字符类型变量处理问题提供了极大的方便,常见的一些字符串函数见表 3-9。

表 3-9　常见字符串函数

函　数　名	含　义	举　例	结　果	说　明
Len(c)	求 c 的字符串长度	Len("VB 6.0 程序设计")	9	求字符串的字符个数
LenB(c)	求 c 字符串的字节个数	LenB("VB 6.0 程序设计")	18	每个字符占 2 字节
Left(c,n)	从 c 字符串左边取 n 个字符	Left("Come",2)	"Co"	从最左边依次取
Right(c,n)	从 c 字符串右边取 n 个字符	Right("Come",2)	"me"	从最右边依次取
Mid(c,n1[,n2])	从 c 字符串的 $n1$ 位开始向右取 $n2$ 个字符	Mid("Come",2,3)	"ome"	若省略 $n2$,则表示取到字符串的最后一位
LTrim(c)	去掉字符串左边所有空格	LTrim(" AB ")	"AB "	右边的空格保留
RTrim(c)	去掉字符串右边所有空格	RTrim(" AB ")	" AB"	左边的空格保留
Trim(c)	去掉字符串两边所有空格	Trim(" A B ")	"A B"	中间空格仍保留
UCase(c)	将字符串中所有小写字母改为大写字母	UCase("Come")	"COME"	结果中不会出现小写字母

函 数 名	含 义	举 例	结 果	说 明
LCase(c)	将字符串中所有大写字母改为小写字母	LCase("Come")	"come"	结果中不会出现大写字母
Space(n)	产生 n 个空格的字符串	Space(3)	" "	3 个连续的空格
String(n,c)	返回的字符串由 n 个 c 的首字符组成	String(3,"Come")	"CCC"	只取 c 字符串首字符
InStr([n1,]c1, c2[,m])	在 c1 中从 n1 位开始找 c2,省略 n1 表示从头开始找	InStr(2,"Come Come", "Come")	5	若 m=1 不区分大小写,省略则区分
Join(a[,d])	将数组 a 各元素按 d 分隔符连接成字符串变量	a＝Array("ab","cd") Join(a, ":")	ab:cd	d 分隔符可以为空格或空字符串
Split(c[,d])	将字符串 c 按分隔符 d 分隔成字符数组	A＝Split("ab,cd",",")	a(0)＝"ab" a(1)＝"cd"	与 Join()函数作用相反
Replace(c, c1, c2[,n1][,n2] [,m])	在 c 中从 1(或 n1)开始用 c2 替代 n2 次 c1,若无 n2,则查找到 c1 便用 c2 替代	Replace("ABCDAB CDCD", "CD", "12", 4, 1)	"DAB12CD"	仅替代了匹配的第一组字符串,若例中无 n2 的值 1,则结果为 "DAB1212"
StrReverse(c)	将字符串反序	StrReverse("xyz")	"zyx"	

3. 类型转换函数

VB 中常用的类型转换函数见表 3-10。

表 3-10　VB 中常用的类型转换函数

函数名	含 义	举 例	结果	说 明
Val(c)	将字符串中的数字转换为数值	Val("−68.32") Val("68AB")	−68.32 68	详见表后注(1)
Str(n)	数值数据转换为字符串	Str(68.25) Str(−68.25)	"68.25" "−68.25"	详见表后注(2)
Asc(c)	返回字符 c 的 ASCII 码值	Asc("a")	97	与 Chr()互为反函数, 即 Asc(Chr(n))＝n
Chr(n)	返回 ASCII 码值为 n 的字符	Chr(97)	"a"	与 Asc()互为反函数, 即 Chr(Asc(c))＝c
Int(n)	取小于等于 n 的最大整数	Int(−5.5) Int(5.5)	−6 5	无论小数部分多大,返回的整数都不大于原数
Fix(n)	舍去 n 的小数部分	Fix(−5.5) Fix(5.5)	−5 5	返回的整数是原数直接去掉小数部分即可
Round(n[,n1])	在保留 n1 位小数情况下,将 n 四舍五入取整	Round(−3.49) Round(3.49,1)	−3 3.5	若省略 n1,则结果为整数

函 数 名	含 义	举 例	结 果	说 明
Hex(n)	十进制转换为十六进制	Hex(16)	10	结果为$(10)_{16}$
Oct(n)	十进制转换为八进制	Oct(16)	20	结果为$(20)_8$

注意:

(1) Val()函数将数字字符串转换为数值类型,当字符串中出现数值类型规定的字符外的字符,则会停止转换,函数返回的是停止转换前的结果。若第一个字符不符合规则,则结果为 0。例如:Val("AB68")的结果为 0。

(2) Str()函数将非负数值转化为字符类型后,会在转化后的字符串的左边增加一个空格作为数值的符号位。所以上述表中的例子 Str(68.25)的结果" 68.25"中最前边是有一个空格的。

4. 日期时间函数

VB 中常用的日期时间函数见表 3-11。

表 3-11　VB 中常用的日期时间函数

函 数 名	含 义	举 例	结 果	说 明
Date[()]	返回系统日期	Date	2007-3-21	无参数
Time[()]	返回系统时间	Time	15:43:07	无参数
Now[()]	返回系统日期和时间	Now	2007-3-21 15:43:07	无参数
Year(c|n)	返回年代号 (1753—2078)	Year("1890-2-15") Year(370)	1890 1901	1899-12-31 后 370 天是 1901 年
Month(c|n)	返回月份代号 (1~12)	Month("1890-2-15") Month(70)	2 3	1899-12-31 后 70 天是 3 月份
Day(c|n)	返回日期代号 (1~31)	Day("1890-2-15") Day(19)	15 18	1899-12-31 后 19 天是 1900-1-18
WeekDay(c|n)	返回星期代号 (1~7)	WeekDay("2007-3-21")	4	4 即星期三,星期日为 1
Hour(c|n)	返回小时 (0~24)	Hour(#2:15:35 PM#)	14	下午 2 时为 14 时
Minute(c|n)	返回分钟 (0~59)	Minute(#2:15:35 PM#)	15	
Second(c|n)	返回秒(0~59)	Second(#2:15:35 PM#)	35	
MonthName(n)	返回月份名	MonthName(6)	六月	1 为一月
WeekDayName(n)	返回星期名称	WeekDayName(4)	星期三	1 为星期日

函 数 名	含 义	举 例	结果	说 明
WeekDayName(n)	返回星期名称	WeekDayName(4)	星期三	1 为星期日
DateAdd(d,n,c)	增减日期	DateAdd("ww",3, "2007-3-11")	2007-4-1	详见表后注(2)
DateDiff(d,c,c)	相差日期	DateDiff("yyyy","1900- 12-31","2010-3-21")	110	详见表后注(3)

说明:

(1) 在上述的日期时间函数中,参数"c|n"表示可以是数值表达式,也可以是字符串表达式。若用数值表达式,则参数表示相对于 1899 年 12 月 31 日前后的天数。在表 3-11 中有的函数针对两种类型都有举例,而没有的请读者自己举例分析。

(2) DateAdd(要增减日期形式,增减量,要增减的日期变量)函数表示对要增减的日期变量按日期形式做增减。要增减的日期形式见表 3-12。

例如,假设还有 65 天就要进行计算机程序设计大赛,则计算大赛日期的表达式为:

```
DateAdd("d",65,now)
```

(3) DateDiff(要间隔日期形式,日期 1,日期 2)函数的作用是计算出两个指定的日期按间隔日期形式相差的日期。间隔日期形式见表 3-12。

例如,2008 年的北京奥运会开幕式是 2008 年 8 月 8 日,则计算倒计时还有多少周的表达式为:

```
DateDiff("ww",now,#8/8/2008#)
```

表 3-12 间隔日期形式

日期形式	yyyy	q	m	y	d	w	ww	h	n	s
意义	年	季	月	一年的天数	日	一周的天数	星期	时	分	秒

5. 格式输出函数

较常用的格式输出函数 Format()用于制定数值、日期或字符串的输出格式,返回值为字符串,其表示形式为:

Format(表达式 [,格式字符串])

表达式是要输出的内容,分为数值、日期和字符串 3 种类型。

格式字符串是内容要输出的格式,为字符串类型。相对于要输出的 3 种不同内容,格式也相应有 3 种类型:数值格式、日期格式和字符串格式。若该项省略,则 Format 函数的功能与类型转换函数 Str()功能相似,区别在于 Format 函数将非负数值转化成的字符串前无空格。

(1) 数值格式化

数值格式化是指将数值表达式的值按格式字符串指定的格式输出。常见的数值格式符号及含义、用法见表 3-13。

表 3-13 常见的数值格式符号及含义、用法

符号	含　　义	数值表达式	格式字符串	结　　果
0	当实际数字位数小于符号位数时,用 0 补位;否则同符号♯,见表后注	987.555	"0000.0000" "00.0"	0987.5550 987.6
♯	当实际数字位数小于符号位数时,按实际位数显示;否则同 0,见表后注	987.555	"♯♯♯♯.♯♯♯♯" "♯♯.♯"	987.555 987.6
.	加小数点	987	"000.0"	987.0
,	加千分位	9876.555	"♯♯,♯♯♯.♯♯"	9,876.56
%	以百分数显示	98.555	"00,♯♯♯.♯♯"	09,855.5%
$	在数字前加 $	987.555	"$♯♯.0000"	$987.5550
+	在数字前加+	987.555 −987.555	"+♯♯.0000" "+00.♯♯♯♯"	+987.5550 +987.555
−	在数字前加−	987.555 −987.555	"−♯♯.0000" "−00.♯♯♯♯"	−987.5550 −987.555
E+ E−	用指数表示	0.9876	"0.000E+00" ".00E+00" "♯.♯♯E−♯♯"	9.876E−01 0.99E+00 9.88E−1

　　注意:对于符号"0"和"♯"组成的格式字符串的作用,既有相同点又有不同点。

　　相同点是,若要显示的数值的整数部分位数多于格式字符串位数,则按实际数值显示;若小数部分的位数多于格式字符串的位数,则按四舍五入显示。

　　不同点是,若要显示的数值位数小于"0"格式字符串位数,则会在显示的数值相应位置用 0 补位;若要显示的数值位数小于"♯"格式字符串位数,则按实际位数显示,无需用 0 补位。

　　另外,也可以将符号"0"和"♯"组合在同一格式字符串中使用,表 3-13 中有此方面的举例。

　　例如,若在窗体中有按钮 Command1,且有如下程序段:

```
Private Sub Command1_Click()
    Const A= 68.257
    Print Format(A, "0.00"), Format(A, "000.0000")
    Print Format(A, "#.##"), Format(A, "###.####")
    Print Format(A, "0.#"), Format(A, "###.0000")
    Print Format(A, "0.00")+Format(A, "000.0000")
End Sub
```

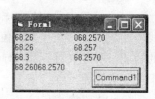

图 3-4 窗体运行结果

　　若程序运行时单击 Command1,则窗体运行结果如图 3-4 所示。

（2）日期时间格式化

日期时间格式化是指将日期、时间类型表达式的值按格式字符串指定的格式以日期、时间的序数值输出。常见的日期、时间格式符及含义见表3-14。

表3-14　常见的日期、时间格式符及含义

符号	含　义	符号	含　义
d	显示日期（1～31），个位前不加0	dd	显示日期（01～31），个位前加0
ddd	显示星期缩写（Sun～Sat）	dddd	显示星期全名（Sunday～Saturday）
ddddd	显示完整日期（yy/mm/dd）	dddddd	显示完整长日期（yyyy年m月d日）
w	显示星期代号（1～7,1是星期日）	ww	一年中的星期数（1～53）
m	显示月份（1～12,个位前不加0）	mm	显示月份（01～12,个位前加0）
mmm	显示月份缩写（Jan～Dec）	mmmm	月份全名（January～December）
q	显示季度数（1～4）	y	显示一年中的天（1～366）
yy	两位数显示年份（00～99）	yyyy	四位数显示年份（0100～9999）
h	显示小时（0～23），个位前不加0	hh	显示小时（00～23），个位前加0
m	在h后显示分（0～59），个位前不加0	mm	在h后显示分（00～59），个位前加0
s	显示秒（0～59），个位前不加0	ss	显示秒（00～59），个位前加0
A/P,a/p	12小时计，中午前标记A或a,中午后标记P或p	AM/PM Am/pm	12小时计,中午前标记AM或am,中午后标记PM或pm
ttttt	显示完整时间（小时、分及秒），格式为hh:mm:ss	- / :	这些字符出现在格式字符串里将被原样显示

注意：从表3-14中可见，符号"m"、"mm"既可显示月份又可显示分钟，使用的场合不同则作用会不同。若是该符号出现在"h"、"hh"后，则表示显示分钟，否则显示月份。

例如有以下程序段，则运行结果如图3-5所示。

```
Private Sub Form_Click()
  ddate=#10/1/2008#
  ttime=#6:13:25 PM#
  Print Format(ddate, "mm-dd-yyyy"), Format(ddate, "ww")
  Print Format(ddate, "dddd/mmm/yy"), Format(ddate, "q")
  Print Format(ttime, "h:m:s A/P"), Format(ttime, "hh-mm-ss AM/PM")
  Print Format(ddate, "ddddd"), Format(ttime, "ttttt")
End Sub
```

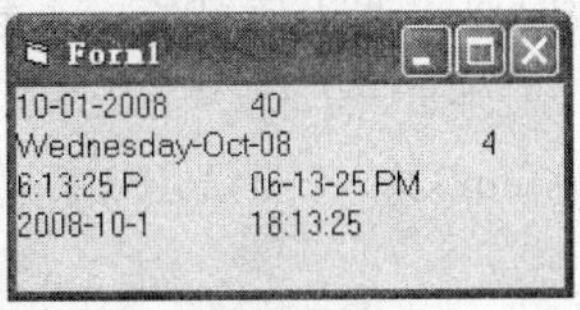

图3-5　运行结果

（3）字符串格式化

字符串格式化是指将字符串按指定的格式进行大小写、长度限制的显示。常用的字符串格式符及含义见表3-15。

表 3-15　常用的字符串格式符及含义

符号	含　义	字符串表达式	格式字符串	结　果
<	以小写显示	"WTO"	"<"	wto
>	以大写显示	"Welcome"	">"	WELCOME
@	实际字符位数小于符号位数,字符前加空格	"Medical"	"@@@@@@@@"	"Medical"
&	实际字符位数小于符号位数,字符前不加空格	"Medical"	"&&&&&&&&"	"Medical"

例如,若有程序段如下:

```
Print Format("Object",">")
Print Format("ab","@@@")
```

则显示结果为:

```
OBJECT
 Ab
```

6. Shell()函数

格式为:

Shell(命令字符串 [,窗口类型])

命令字符串是要执行的应用程序全名,包括路径。应用程序必须是可执行文件,即扩展名为 .com、.exe、.bat。

窗口类型表示执行应用程序的窗口大小,一般取 1,表示正常窗口状态。

函数成功调用的返回值是一个数值,是运行程序的唯一标识。因此在调用 Shell()函数时要将调用值赋给一个数值型变量或变体型变量。

例如,假设 Windows 的计算器程序(calc.exe)所在的路径为"c:\windows\system32",若要调用该程序,则可使用下面的语句:

```
Dim i As Variant
i=Shell("c:\windows\system32\calc.exe",1)
```

另外,也可利用该函数打开文档,使用时必须先指定执行该文档的相应应用程序全名,且要在全名后空一格。

例如,假设文字处理软件 winword.exe 所在的路径为"c:\program files\microsoft office\office",现若要打开"d:\article.doc"文档,则可使用下面的语句:

```
j=Shell("c:\program files\microsoft office\office\winword.exe"+"d:\article.doc",1)
```

习　　题

习题 3.1　编写一个测试身体质量指数的完整程序,界面如图 3-6 所示。

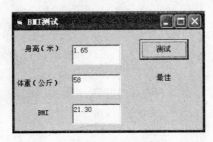

图 3-6　程序运行界面

习题 3.2　编写一个程序应用 Shell()函数调用计算器和纸牌。程序运行结果如图 3-7 所示。

提示:如果不知道应用程序的路径名,则可用 Start 命令启动程序:

i=Shell(start &"calc.exe"); i=Shell(start & " sol.exe ")

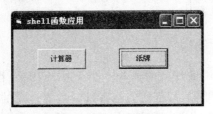

图 3-7　程序运行界面

习题 3.3　编写一个简易计算器,程序运行界面如图 3-8 所示。

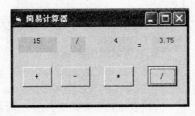

图 3-8　程序运行界面

 **第 4 章 控制结构**

VB 具有结构化程序设计的 3 种结构,即顺序结构、选择结构和循环结构。它们是程序设计的基础。

4.1 顺序控制结构

顺序结构就是各语句按出现的先后次序执行。在一般的程序设计语言中,顺序结构的语句主要是赋值语句、输入输出语句等。在 VB 中也有赋值语句,而输入输出可以通过文本框、Print 方法等实现,也可以通过系统提供的函数和过程来实现。

4.1.1 赋值语句

赋值语句是程序设计中最常用的语句。在 Visual Basic 程序设计中,赋值语句的作用是给变量或对象的属性赋值,即把赋值运算符右边表达式的值赋给其左边的变量或属性。VB 中的赋值运算符是"="。赋值语句的一般形式如下:

变量名=表达式
对象.属性=表达式

程序执行时,先计算右边表达式的值,然后将值赋给左边的变量或属性。例如:

```
X=100                    把数值赋给变量 X;
Text1.Text=" VB 欢迎你"   '把字符串赋给 Text1 的 Text 属性
Label1.Caption=Date()     '把 Date 函数的结果赋给 Label1 的 Caption 属性
Label1.Top=Label1.Top-100 '把表达式的值赋给 Label1 的 Top 属性
```

在赋值语句中,赋值运算符"="代表赋值操作,而不代表等量关系。

表达式可以是任何类型的表达式,一般与左边的变量的类型一致。当右边表达式的类型与左边变量不同时 VB 将进行如下处理。

(1) 表达式与变量均为数值型但精度不同时,表达式的结果自动转换成左边的精度再赋值给变量。

例如：

```
x%=1.52        'x为整型变量,1.52自动四舍五入为2并赋值给x,结果为2
```

（2）变量为数值型,表达式为字符串时,若表达式为数字型字符串,则自动转换为数值型再赋值给变量,若表达式为非数字型字符串或空串,则出错。

例如：

```
x%="123"          'x中的结果为123
y%="Asd"          '出现"类型布匹配"错误
y!=" "            '出现"类型布匹配"错误
```

（3）变量为数值型,表达式为逻辑型时,True转换为-1,False转换为0后赋值给变量。

（4）变量为逻辑型,表达式为数值型时,非0转换为True,0转换为False后赋值给变量。

（5）变量为字符型,表达式为非字符型时,表达式的结果自动转换为字符型后赋值给变量。

在应用赋值语句时应注意以下几点。

（1）赋值号左边必须是变量或对象的属性名,不能是常量或表达式。以下赋值语句均为错误：

```
5=x+y              '左边是常量
x+y=5              '左边是表达式
sin(x)=x+y
```

（2）不能在一句赋值语句中为多个变量赋值。例如要给x、y、z三个变量赋初值1,必须分别书写3个语句：

```
x=1
y=1
z=1
```

如果写成如下形式,虽然语法没错,但结果不正确：

```
Dim x%,y%,z%
x=y=z=1
```

执行该语句前3个变量的默认值均为0。VB在编译时,将右边的两个"="作为关系运算符,左边的一个作为赋值号处理。执行该语句时先对$y=z$进行判断,结果为True,再对True=1进行判断,结果为False,自动转换为0后赋值给x,因此3个变量的结果仍均为0。

4.1.2 人机交互函数和过程

VB程序与用户之间的直接交互可以通过InputBox（）函数、MsgBox（）函数和Msg

过程进行。

1. InputBox()函数

InputBox()函数可以产生一个对话框(见图 4-1 所示),这个对话框作为输入数据的界面,等待用户输入数据,当用户单击"确定"按钮或按回车键时,函数返回输入的值,类型为字符型。函数格式如下:

变量$ = InputBox $ (Prompt[,Title][,Default][,XPos][,YPose])

InputBox 函数各个参数含义如下。

(1) Prompt:提示,不可省略,是一个字符串表达式,最大长度不超过 1024 个字符,显示在对话框中,用来提示用户输入相关内容。显示 Prompt 时不能自动换行。如果需要多行显示,可插入 Chr(13)+Chr(10)或 VBCrlf 实现换行。

(2) Title:字符串表达式,显示在对话框顶部的标题区。如果省略,则默认为应用程序名。

(3) Default:字符串,用户未输入时显示在对话框输入区中的默认信息。如果省略,则对话框的输入区为空白。

(4) [,XPos][,YPose]:整型表达式,两个参数分别用来确定对话框左上角在屏幕中的位置,屏幕左上角为坐标原点,单位是 Twip。两个参数如果省略就必须同时省略,如果出现就同时出现。

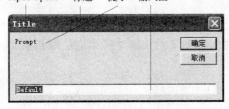

图 4-1 InutBox 函数对话框

图 4-2 患者信息输入框

【例 4-1】 应用 InputBox 函数进行患者信息的输入,运行界面如图 4-2 所示。
程序代码如下:

```
Private Sub Form_Click()
  Dim cl$, msg1$, msg2$, msg3$, msg$ , I$
  cl=Chr(13)+Chr(10)                    '回车、换行
  msg1="请输入患者姓名"
  msg2="输入后单击"确定"按钮"
  msg3="或按回车键"
  msg=msg1+cl+msg2+cl+msg3
  I=InputBox (msg, "患者信息输入框", "张三", 400, 400)
End Sub
```

说明：

（1）各项参数次序必须一一对应，Prompt 项不可省略，其他项可以省略，处于中间的默认部分要用逗号占位符跳过，例 4-1 中如果 Default 项省略，则语句应写成 I＝InputBox（msg，"患者信息输入框"，400，400）。

（2）该函数返回的值为字符型，如果需要输入数值并参加运算，则必须在运算前运用 Val 函数将其类型转换为相应类型的数值，否则可能得到不正确的结果。

2. MsgBox( )函数和 MsgBox 过程

MsgBox( )函数可以产生一个消息框，等待用户选择操作，当用户单击某个按钮时，函数返回按钮的值，类型为整型。函数格式如下：

变量%＝MsgBox (Prompt[,Type] [,Title])

MsgBox 函数各个参数含义如下。

（1）Prompt：不可省略，是一个最大长度不超过 1024 个字符的字符串表达式，显示在消息框中。显示 Prompt 时不能自动换行。如果需要多行显示，可插入 Chr(13)＋Chr(10)或 vbCrLf 实现换行。

（2）Type：整型表达式，用来控制在消息框中显示的按钮、图标的种类、数量。该参数的值是四组（按钮数目＋图标类型＋默认按钮＋模式）数值或内部常数合成的结果（参考表 4-1、表 4-2）。

表 4-1　按钮设置值及意义

分　组	内　部　常　数	按钮值	描　　述
按钮数目	VBOkOnly	0	只显示"确定"按钮
	VBOkCancel	1	显示"确定"、"取消"按钮
	VBAbortRetryIgnre	2	显示"终止"、"重试"、"忽略"按钮
	VBYesNoCancel	3	显示"是"、"否"、"取消"按钮
	VBYesNo	4	显示"是"、"否"按钮
	VBRetryCancel	5	显示"重试"、"取消"按钮
图标类型	VBCritical	16	关键信息图标红色 STOP 标志
	VBQusetion	32	询问信息图标？
	VBExclamation	48	警告信息图标！
	VBinformation	64	信息图标 i
默认按钮	VBDefaultButton1	0	第 1 个按钮为默认
	VBDefaultButton2	256	第 2 个按钮为默认
	VBDefaultButton3	512	第 3 个按钮为默认
模式	VBApplicationModel	0	应用模式
	VBSystemModel	4096	系统模式

（3）Title：字符串表达式，显示在消息框顶部的标题区。如果省略，则默认为应用程序名。

表 4-2　MsgBox 函数返回所选按钮整数值的意义

内部常数	返回值	被单击的按钮	内部常数	返回值	被单击的按钮
VBOk	1	确定	VBIgnore	5	忽略
VBCancel	2	取消	VBYes	6	是
VBAbort	3	终止	VBNo	7	否
VBRetry	4	重试			

说明：

（1）可以根据表中值的不同组合设计对话框的样式,例如要显示"重试"、"取消"按钮、关键信息图标红色 STOP 标志、第 1 个按钮为默认、系统模式,只要将 Type 值设置为 $5+16+0+4096$ 即可,或者用内部常数形式表示为：

VBRetryCance+ VBCritical+ VBDefaultButton1+ VBSystemModel

（2）以应用模式建立对话框时,当前应用程序被挂起,用户必须响应对话框才能继续当前的应用程序。以系统模式建立对话框时,所有应用程序都被挂起,直到用户响应对话框为止。

（3）当用户单击对话框上的某个按钮时,函数返回按钮的整数值,例如用户单击了"确定"按钮,则返回 1,单击"取消"按钮,则返回 2。

当不需要返回值时,可以应用 MsgBox 过程,其格式为：

MsgBox Prompt

【例 4-2】　编写一个医生工作站的登录检验程序,运行界面如图 4-3 所示。对登录名（医生工号）和密码的规定如下：

（1）医生工号不超过 6 位数字,密码为 6 位字符,密码输入时显示为"＊"。本题假设密码为 cljuan。

（2）当医生工号输入非数字字符,密码不正确时,显示相关信息。

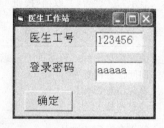

图 4-3　医生工作站运行界面

（3）若单击"重试"按钮,则清除原来输入的内容,焦点定位在原输入文本框,等待用户输入。若单击"取消"按钮,则程序停止运行。

对本程序的分析如下：

（1）医生工号不超过 6 位可以通过设置文本框的 Maxlength 属性为 6 实现。当用户输入结束,按 Tab 键或单击 Text2 时焦点离开 Text1,引发 Text1 的 LostFocus 事件,应用 IsNumeric() 函数对 Text1 的内容进行判断,若不是数字字符,则利用 MsgBox 过程显示出错信息,允许用户重新输入。

(2)登录密码为 6 位的设置方法同上。通过设置 Text2 的 PassWord 属性为"＊"达到输入时不显示的要求。输入结束,单击"确定"按钮引发 Command1 的 Click 事件,判断密码正确与否,若错误,则利用 MsgBox()函数显示出错信息,根据返回的函数值再作进一步处理,或退出程序或重新输入。如果消息框显示"重试"、"取消"图标为感叹号,则 Type＝5＋48 或者 Type＝VBRetryCancel＋VBInformation,或者 Type＝5＋VBInformation 等。控件和属性设置见表 4-3。

表 4-3 属性及属性值

默认控件名	属 性	属性值	默认控件名	属 性	属性值
Form1	Caption	医生工作站	Text2	Text	""
	Font	四号		PasswordChar	＊
Label1	Caption	医生工号		MaxLength	6
Label2	Caption	登录密码	Command1	Caption	确定
Text1	Text	""			
	MaxLength	6			

程序代码如下:

```
Private Sub Command1_Click()
  Dim I As Integer
    IF Not Text2="cljuan" Then
     I=MsgBox("密码错误", 5+VBInformation+VBDefaultButton1+VBSystemModel, "登录密
     码")
          IF I=2 Then          '用户单击"取消"按钮返回按钮值
            End
          Else
           Text2=""            '用户单击"重试"按钮文本框置空,等待用户重新输入
          Text2.SetFocus       '将焦点设置在文本框 2 上,方便用户输入
          End IF
      End IF
End Sub

Private Sub Text1_LostFocus()    '焦点离开文本框 1 时触发 LostFocus 事件
  IF Not IsNumeric(Text1) Then   '利用 IsNumeric()函数判断文本框中输入的是否为数字字符
    MsgBox "医生工号必须是数字字符"
    Text1=""
    Text1.SetFocus
  End IF
End Sub
```

说明:

(1)I＝MsgBox("密码错误", 5＋VBInformation＋VBDefaultButton1＋VBSystemModel,"登录密码")语句也可以写成 I＝MsgBox("密码错误",5＋64＋0＋4096,"登录密码")。

（2）焦点离开文本框 1 时触发 LostFocus 事件。

4.2 选 择 结 构

在 VB 中,选择结构通过条件语句来实现,根据对条件判断的结果选择执行不同的分支。

4.2.1 IF 条件语句

IF 语句常用以下 3 种形式。

1. IF…Then 语句（单分支结构）

语句形式:

（1）

```
IF <表达式> Then
    语句块
End  IF
```

（2）

```
IF<表达式>Then   语句块
```

说明:

（1）表达式一般为关系表达式、逻辑表达式,也可以为算术表达式。表达式的值按非零为 True,零为 False 进行处理。

（2）语句块可以是一条或多条语句。如果采用形式（2）表示,则语句之间要用冒号分隔,并且一定写在同一行上。

注意形式（1）中 IF 和 End IF 要成对出现,否则系统会报错。

如果表达式为 True 或非零时执行 Then 后面的语句块,否则出 IF…Then 结构,执行后面的语句,流程图如图 4-4 所示。

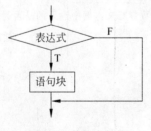

图 4-4 单分支结构

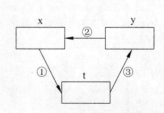

图 4-5 两个数交换过程

【例 4-3】 已知两个变量 x 和 y,比较它们的大小,使 x 中的值大于 y(要实现两个变量中的数互相交换通常以使用第三变量为过渡,在此为 t)。语句如下(交换过程见图 4-5):

```
IF x<y Then
    t=x              '将变量 x 中的值暂时存放于变量 t 中
    x=y              '用变量 y 中的值替代变量 x 中的值
    y=t              '再将原变量 x 中的值替代变量 y 中的值
End  IF
```

或者

```
IF x<y Then t=x:x=y:y=t
```

2. IF…Then…Else（双分支结构）

语句形式：

```
IF <表达式> Then
    <语句块 1>
Else
    <语句块 2>
End IF
```

或者

```
IF <表达式> Then <语句块 1> Else <语句块 2>
```

说明：如果表达式的值为非零或 True 执行语句块 1，否则执行语句块 2。流程图如图 4-6 所示。

例如，计算分段函数：

$$Y = \begin{cases} \cos x + \sqrt{x^2+1} & (x \neq 0) \\ \sin x - x^3 + 3x & (x = 0) \end{cases}$$

可以应用以下语句实现。

（1）单分支语句

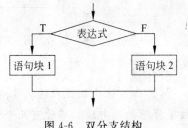

图 4-6　双分支结构

```
y=sin(x)-x^3+3*x
IF x<>0 Then y=cos(x)+sqr(x^2+1)
```

或者应用两句单分支语句实现：

```
IF x=0  Then  y=sin(x)-x^3+3*x
IF x<>0 Then  y=cos(x)+sqr(x^2+1)
```

思考：如果写成下面的语句会怎样？

```
y=cos(x)+Sqr(x^2+1)
IF  x=0  Then  y=sin(x)-x^3+3*x
```

（2）双分支语句

```
IF  x<>0  Then  y=cos(x)+sqr(x^2+1)  Else  y=sin(x)-x^3+3*x
```

3. IF…Then…Else IF（多分支结构）

语句形式：

IF <表达式 1> Then
    <语句块 1>
ElseIF <表达式 2> Then
    <语句块 2>
       …

[Else
    <语句块 n+1>]
End IF

流程图如图 4-7 所示。

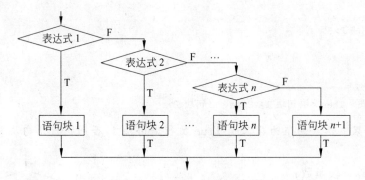

图 4-7　多分支结构流程图

说明：

（1）VB 依次测试表达式 1、表达式 2、……，若遇到表达式值为 True 或非零，则执行该条件下的语句块。不管有几个分支，程序执行了一个分支后，其余分支不再执行。

（2）ElseIF 不能写成 Else IF。

（3）若多个表达式值均为 True 或非零，则只执行第一个分支下的语句块。因此要注意多分支中表达式的书写次序，防止某些值被滤掉。

【例 4-4】　按照世界卫生组织（WHO）建议使用的血压标准是：正常成人收缩压应小于或等于 140MmHg，舒张压小于或等于 90MmHg。如果成人收缩压大于或等于 160MmHg，舒张压大于或等于 95MmHg 为高血压；血压值在上述两者之间，即收缩压在 141～159MmHg 之间，舒张压在 91～94MmHg 之间，为临界高血压。低血压通常指血压低于 90/60MmHg。该判断程序运行界面如图 4-8 所示。

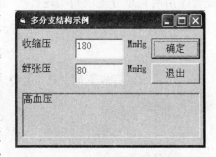

图 4-8　多分支结构示例

如果用 x 表示收缩压,y 表示舒张压,实现判断的程序可以表示为:

```
Private Sub Command1_Click()
    Dim x, y
    Picture1.Cls
    x=Val(Text1.Text)              '将文本转换为数值型后赋值给变量 x、y
    y=Val(Text2.Text)
    IF x< 90 And y< 60 Then
       Picture1.Print "血压偏低"
    ElseIF x<=140 And y<=90 Then
       Picture1.Print "血压正常"
    ElseIF x< 160 And y< 95 Then
       Picture1.Print "临界高血压"
    Else
       Picture1.Print "高血压"
    End IF
End Sub
Private Sub Command2_Click()
  End
End Sub
```

说明:

(1) 通过文本框获取数据并在程序中进行运算前尽量应用 Val()函数将其转变为数值型。

(2) 应用 IF…Else If 语句时,注意不要将 ElseIf 分开写成 Else If。

4. IF 语句的嵌套

如果在 IF 语句中又出现 IF 语句,就称为 IF 语句的嵌套。

语句形式:

```
IF <表达式 1> Then
    IF <表达式 2> Then          ⎫
...                            ⎬  在 IF 语句中又出现 IF 语句
    End  IF                     ⎭
...
End  IF
```

说明:

(1) 为了增强语句的可读性,建议书写时采用锯齿型。

(2) 只要在一个分支内嵌套,不出现交叉,满足结构规则,其嵌套的形式将有很多种,嵌套层次也可以任意多。IF 语句不在一行书写时,必须与 End IF 配对。多个 IF 嵌套时,End IF 与它最近的 IF 配对。

【例 4-5】 输入 3 个整数, 按从小到大的顺序输出。程序运行界面如图 4-9 所示。
程序代码如下:

```
Private Sub Command1_Click()
Dim x%, y%, z%, t%
Form1.Cls
x=Val(InputBox("请输入一个整数"))
y=Val(InputBox("请输入一个整数"))
z=Val(InputBox("请输入一个整数"))
Print "您输入的三个数是: "; x; Spc(1); y; Spc(1); z
IF x>y Then
  t=x: x=y: y=t            '如果 x>y 则 x,y 交换
End IF
IF y>z Then
  t=y: y=z: z=t
  IF x>y Then
   t=x: x=y: y=t
  End IF
End IF
 Print "从小到大的顺序是: "; x; Spc(1); y; Spc(1); z
End Sub


Private Sub Command2_Click()
 End
End Sub
```

图 4-9   IF 语句嵌套示例

说明: 本例也可以应用 3 个简单 IF 语句实现, 如:

```
IF x>y then t=x:x=y:y=t
IF y>z Then t=y:y=z:z=t
IF x>y then t= x:x=y:y=t
```

【例 4-6】 在文本框中输入 1～1000 之间的数字, 如果输入非数值, 或数值超出范围, 则给予提示, 并重新输入。各控件对象参数设置见表 4-4, 运行效果如图 4-10 所示。

表 4-4   各控件属性

控件名称	Caption	字体大小	Locked
Form1	数据过滤器	小四	—
Label1	请输入 1～1000 之内的数字, 按回车键确认	小四	—
Text1	—	小四	Flase
Text2	—	小四	True

事件代码如下：

```
    Private Sub Form_Load()
        Text1.Text=""
        Text2.Text=""
    End Sub
```

图 4-10　运行界面

```
Private Sub Text1_KeyPress(KeyAscii As Integer)
    If KeyAscii=13 Then                        '回车键的 ASCII 码值为 13
        If IsNumeric(Text1.Text) Then          '判断是否是数值
        x=Val(Text1.Text)
        If x<0 Or x>1000 Then
        Text1.Text=""
        Text1.SetFocus                         '焦点回到文本框
            Text2.Text="数值超出范围,再输入!"   '文本框中显示提示信息
        Else
        Text2.Text="输入正确!"
        End If
        Else
            Text1.SetFocus
            Text2.Text="请输入数字!"
        End If
    End If
End Sub
```

注意：

（1）Text2 的 Locked 属性设置为 True，表明不允许对文本框进行编辑。

（2）本题通过用户按回车键确认输入完成，激发文本框的 KeyPress 事件，回车键的 ASCII 码值为 13。

（3）IsNumeric(参数)函数用来判断其中的参数是否是数值类型。

（4）Val( )函数是将数字字符串转换为数值。

4.2.2　Select Case 语句

Select Case 语句是多分支结构的又一种表示形式，又称情况语句。

语句形式：

```
Select Case 变量或表达式
  Case 表达式列表 1
     <语句块 1>
  Case 表达式列表 2
     <语句块 2>
   …
```

```
    [Case Else
        <语句块 n+1>]
End   Select
```

说明：

（1）变量或表达式可以是数值型或字符型表达式。

（2）表达式列表与变量或表达式类型一致，可以是下面 4 种形式之一：

① 表达式；

② 一组用逗号分隔的枚举值；

③ 表达式 1 To 表达式 2（包含表达式 1 和表达式 2 的值）；

④ Is 关系运算符表达式。

第①种形式为变量或表达式的值与表达式列表的具体值比较，后 3 种形式与设定的范围比较。数据类型相同的情况下可以 4 种形式混合应用。例如：

```
Case 1 To 5, 7 9, is>10, 2+2
```

Select Case 语句执行过程见流程图见图 4-11，根据 Select Case 变量或表达式中的结果与各 Case 子句中表达式列表的值进行比较，决定执行哪一组语句块。如果有多个 Case 子句中的值与之匹配，则根据从上到下的判断原则，只执行第一个与之匹配的语句块。

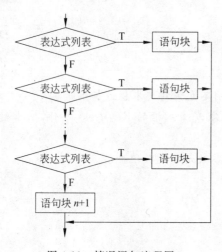

图 4-11　情况语句流程图

图 4-12　Select Case 示例

【例 4-7】 编写一个简便四则运算器，应用 Select Case 判断运算符。运行界面如图 4-12 所示。

程序代码如下：

```
Private Sub Command1_Click()
    Dim code As String
    code=Trim(Text2.Text)                    '除去文本框两边的空格
    Select Case code
```

```
        Case "+"
          Text4 .Text=Val(Text1)+Val(Text3)
        Case "-"
          Text4.Text=Val(Text1)-Val(Text3)
        Case "*"
          Text4.Text=Val(Text1)*Val(Text3)      '在 Case 子句中嵌套 IF 语句
        Case "/"
          IF Val(Text3)=0 Then                   '对除数是 0 的情况给出提示,并清空文本空等待
                                                   重新输入

            MsgBox "除数不能为 0,请重新输入"
            Text3=""
            Text4.Text=""                         '计算结果保留两位小数
            Text3.SetFocus
          Else
            Text4=Format(Val(Text1)/Val(Text3), "0.00")
          End IF
      End Select
    End Sub
Private Sub Command2_Click()
    End
End Sub
Private Sub Command3_Click()
    Text1=""
    Text2=""
    Text3=""
    Text4=""
    Text1.SetFocus
End Sub
```

4.2.3 条件函数

VB 中提供的条件函数: IIF( )函数和 Choose( )函数,适用于简单的判断场合。前者代替 IF 语句,后者可代替 Select Case 语句。

(1) IIF( )函数

函数形式:

IFF(表达式,条件为 True 时的值,条件为 False 时的值)

例如,求 x、y 中大的数,放入变量 T 中,可以应用语句:

T=IFF(x>y, x,y)

(2) Choose( )函数

函数形式:

Choose(整型表达式,选项列表)

其中,整型表达式的值决定函数返回选项列表中的哪个值。如果整型表达式为1,则函数返回选项列表中的第一项的值,若整型表达式为2,则函数返回选项列表中的第2项的值,依次类推。

如果整型表达式的值小于1或大于列出的选项数目时,则函数返回 Null。如果整型表达式的值为非整型,则系统自动取其整数进行判断。

例如,根据 x 是 1~4 的值,转换成"内科"、"外科"、"妇科"、"儿科"的语句可以写成:

```
kb=Choose(x,"内科","外科","妇科","儿科")
```

4.3 循 环 结 构

通过循环结构可以在指定的条件下多次重复执行一组语句。VB 提供两种类型的循环语句:计数循环语句和条件循环语句。

4.3.1 For 循环语句

For 循环语句是计数型循环语句,用于控制循环次数预知的循环结构。
语句形式:

```
For 循环变量=初值  To  终值  [ Step  步长 ]
<语句块>
[Exit For]         }  循环体
<语句块>
Next 循环变量
```

说明:循环变量必须是数值型。

步长:一般为正数,初值小于终值;若为负数,初值大于终值;Step 缺省时默认为 1。

语句块:重复执行的部分,构成循环体,可以是一句或多句。

Exit For:退出循环,执行 Next 后的下一条语句。

循环次数:$n = \text{Int}\left(\dfrac{\text{终值} - \text{初值}}{\text{步长}} + 1\right)$

语句执行流程图如图 4-13 和图 4-14 所示。

在循环结构中,常用的算法是累加和连乘。累加是在原有和的基础上一次一次地每次加一个数;连乘则是在原有积的基础上一次一次地每次乘以一个数。

【例 4-8】 求 100 以内所有数的和。

```
Sum=0              'sum 为累加和变量,设初值为 0
For i=1 To 100
  Sum=Sum+i
Next i
```

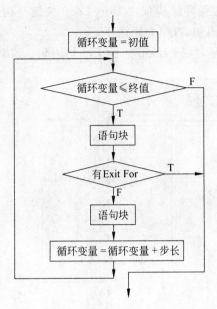

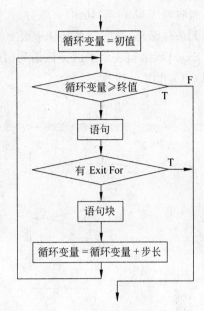

图 4-13　步长大于零的语句执行流程图　　图 4-14　步长小于零的语句执行流程图

又如：求 10 的阶乘。

```
T=1                  'T 为连乘积的变量,设初值为 1
For i=1 To 10
T=T*i
Next i
```

注意：当退出循环时,循环变量保持退出时的值,如例 4-8 中,退出循环时 i 值为 101。在循环体内对循环变量可多次引用,但不要对其赋值,否则会影响原来的控制规律。

4.3.2　Do…Loop 循环语句

Do 循环用于控制循环次数未知的循环结构。
语句形式：

```
(1) Do [ {While | Until}<条件>]          (2) Do
        <语句块>                                   <语句块>
        [Exit Do]                                 [Exit Do]
        <语句块>                                   <语句块>
    Loop                                      Loop [{While|Until}<条件>]
```

说明：形式(1)先判断后执行,有可能一次不执行。形式(2)先执行,后判断,至少执行 1 次。

关键字 While 用于指明条件为 True 时执行循环体,Until 用于指明条件为 False 时执行。

当省略〈while｜Until〉<条件> 子句时，即循环结构仅由 Do…Loop 关键字构成，表示无条件循环，这时在循环体中要有 Eixt Do 语句，否则为死循环。

Exit Do 语句表示当遇到该语句时，退出循环，执行 Loop 后的下一句语句。流程图如图 4-15 和图 4-16 所示。

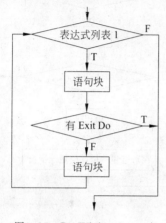

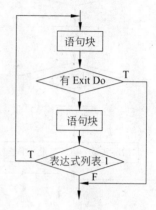

图 4-15　Do While…Loop 流

图 4-16　Do…Loop While 流程图

【例 4-9】　利用 Do While 循环编写一个将十进制数转换成二进制数的程序。程序运行界面如图 4-17 所示。

程序代码如下：

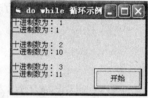

图 4-17　Do While 循环示例

```
Private Sub Command1_Click()
    Dim x$, n%,a%,
    n=InputBox("请输入一个整数")
    Print "十进制数为："; n
    x=""
    Do While n<>0
      a=n Mod 2
      n=n \ 2
      x=Chr(48+a) & x
    Loop
    Print "二进制数为："; x
    Print
End Sub
```

4.3.3　循环的嵌套

在一个循环体内又包含了一个完整的循环结构称为循环的嵌套。循环的嵌套对 For 循环语句和 Do…Loop 语句均适用。

对于循环的嵌套，需要注意以下事项。

（1）内循环变量与外循环变量不能同名。

（2）外循环必须完全包含内循环，不能交叉。

以下程序段是错误的：

```
'内外循环变量同名错误
For i=1 To 10
  For i =1 To 20
    …
  Next i
Next i
```

```
'内外循环交叉
For i=1 To 10
  For j=1 To 10
    …
  Next i
Next j
```

【例 4-10】 求 100 以内的素数。

素数也成质数，就是大于 2 且只能被 1 和本身整除的整数。

从素数的定义来求解：从 $i = 2, 3, 4, \cdots,$ $m-1$ 依次判断 m 能否被 i 整除，只要有一个能整除 m 就不是素数，否则 m 为素数。运行结果如图 4-18 所示。

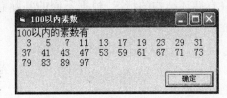

图 4-18　100 以内的素数

程序代码如下：

```
Private Sub Command1_Click()
    Dim i As Integer, m As Integer, n As Integer
    For m= 3 To 100                    '对 100 以内的每个数判断其是否为素数
     For i= 2 To m-1
         IF (m mod i)=0 Then GoTo Notm  'm能被 i 整除,该 m 不是素数
    Next i
    Print Spc(3-Len(Str(m))); m;        'm是素数,屏幕输出。
    n=n+1
    IF n Mod 10=0 Then Print            '每行输出 10 个数
    Notm:
    Next m
End Sub
```

说明：

（1）应用 Spc 函数和 Len 函数使输出的数整齐排列。

（2）结构化程序设计中要求尽量少用或不用 GoTo 语句，因此可以通过增加状态变量 Flag，在循环体内确定 m 是否为素数，根据 Flag 的状态来显示结果。

```
Private Sub Command1_Click()
Dim i As Integer, m As Integer, Flag As Boolean, n As Integer
    Print "100以内的素数有"
    For m= 3 To 100
        Flag=True
        For i= 2 To m-1
            IF (m Mod i)=0 Then Flag=False
```

```
        Next i
        IF Flag=True Then
'           n=n+1
            Print Spc(3-Len(Str(m))); m;
            IF n Mod 10=0 Then Print
        End IF
    Next m
End Sub
```

所谓嵌套,并不是指只有相同的结构语句才能实现,在程序代码中除了单纯的选择结构嵌套和循环结构嵌套以外,还经常可以看到循环结构中嵌有选择结构或者选择结构中嵌有循环结构的情况,根据不同的实际需要,使用是非常灵活的,读者需要反复地练习,才能得到深刻的认识。

【例 4-11】 求最大值和最小值。

利用随机函数产生 20 个 50～100 范围内的随机数,并显示最大值和最小值。运行界面如图 4-19 所示。

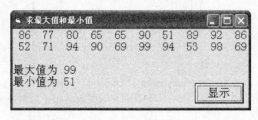

图 4-19 求最大值和最小值

程序代码如下:

```
Private Sub Command1_Click()
    Dim maxa As Integer, mina As Integer, x As Integer, i As Integer
    Form1.Cls                       '每单击一次清除原来内容
    maxa=50                         '假设较小的数为最大
    mina=100                        '假设较大的数为最小
    Randomize
    For i=1 To 20
        x=Int(Rnd * 51+50)
        Print x;
        IF i Mod 10=0 Then Print    '每输出 10 个数后换行
        IF x>maxa Then maxa=x       '如果有大于 maxa 的数,则将该数值赋值给 maxa
        IF x<mina Then mina=x       '如果有小于 mina 的数,则将该数赋值给 mina
    Next i
    Print
    Print "最大值为 "; maxa          '输出结果
    Print "最小值为 "; mina
End Sub
```

说明：求一组数的最大值和最小值的常用算法是假设其中较小的数为最大值，然后与其他数一一比较，如果有更小的数将被替换。同理，求最大的数时，假设其中较大的数为最小值。如果无法估计较小或较大数，则假设第一个数为较小或较大数。

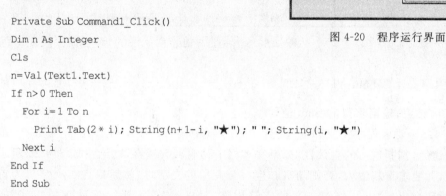

图 4-20　程序运行界面

【例 4-12】 使用循环语句在窗体上输出第 2 章例 2-2 中的图形。程序运行界面如图 4-20 所示。

程序代码如下：

```
Private Sub Command1_Click()
Dim n As Integer
Cls
n=Val(Text1.Text)
If n>0 Then
    For i=1 To n
        Print Tab(2*i); String(n+1-i, "★"); " "; String(i, "★")
    Next i
End If
End Sub
```

说明：本程序所输出图形的行数由用户在文本框中输入，根据用户的要求程序输出相应的图形。在 VB 中打印由特殊符号组成的简单图形时，主要要注意每一行符号个数的输出控制以及符号的缩进方式，即 Tab() 函数的使用方法。

习　　题

习题 4.1　请用 InputBox() 函数依次输入 5 个员工的籍贯，并在窗体中分行显示，程序运行界面如图 4-21 所示。

习题 4.2　在程序窗体中有密码文本框，默认密码为 sxl，若用户输入密码正确，则用 MsgBox() 过程通知用户；若输入错误，则用 MsgBox() 函数提示用户，并提供给用户"重试"和"取消"两种选择，程序运行界面如图 4-22 所示。

图 4-21　程序运行界面　　　　　　图 4-22　程序运行界面

习题 4.3　在窗体中按每行 10 个输出所有能同时被 3 和 4 整除的 3 位数，并显示出满足此条件的 3 位数的个数。程序运行界面如图 4-23 所示。

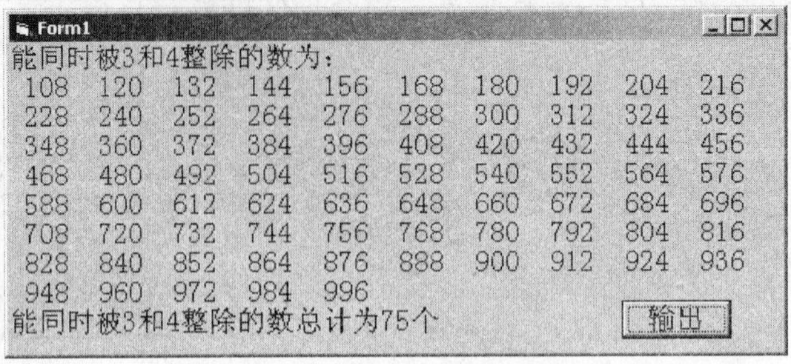

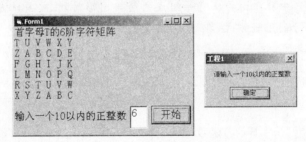

图 4-23　程序运行界面

习题 4.4　计算 $\text{Sum}=1+\dfrac{1}{2}+\dfrac{1}{4}+\dfrac{1}{7}+\dfrac{1}{11}+\dfrac{1}{16}+\dfrac{1}{22}+\dfrac{1}{29}+\dfrac{1}{37}+\cdots$，当第 n 项的值小于 10^{-5} 时结束，输出求得的 Sum 值。

习题 4.5　要求程序完成如下功能：在文本框中输入一个 10 以内的正整数 N，单击"开始"按钮后，判断输入的有效性，如果文本框中的输入数越界，则给出如图 4-24 所示的相关提示，并要求重新输入，否则随机产生一个大写英文字母，然后以此英文字母为首字母，连续循环变化，输出一个 $N \times N$ 的字符矩阵，并显示"首字母×N 阶字符矩阵"的说明，图 4-24 所示为首字母 T 的 6 阶字符矩阵，程序运行界面如图 4-24 所示。

图 4-24　程序运行界面

第 5 章　VB 中的数组

5.1　数组的概念

在前几章中介绍的整型、浮点型、字符串型、逻辑型、日期型等数据类型都是简单类型,可以直接通过一个命名的变量来存取数据。而在实际应用中,经常需要处理许多同一类型的数据,例如求 150 个数的平均值和总和。如果用简单类型的变量来表示这 150 个数,则需要用 150 个变量,如 num1、num2、…、num150。若用数组表示,则只需用一个数组来表示:num(1 To 150)。

5.1.1　基本概念

数组:同一类型变量的一个有序的集合。例如,num(1 To 150)表示一个包含 150 个数组元素的名为 num 的数组。

数组元素:数组中的变量。用下标来区别数组中的各个元素。

表示方法:数组名(L1,L2,…)。其中,L1、L2 表示元素在数组中的排列位置,称为"下标"。例如,c(4,2)代表二维数组 c 中第 4 行第 2 列上的那个元素。

数组维数:由数组元素中下标的个数决定。一个下标表示一维数组,两个下标表示二维数组,多维数组元素的下标之间用逗号分隔。

VB 中有一维数组、二维数组、……,最多六十维数组。

下标:下标表示序号,每个数组元素有一个唯一的序号,下标不能超过数组声明时的上、下界范围。下标可以是整型的常数、变量、表达式,但在声明数组时下标必须是常数。

下标的取值范围:下界 To 上界,当缺少下界时,系统默认下界取 0。

5.1.2　数组声明

数组必须先声明后使用,否则将会产生编译错误。声明数组的目的是让系统在内存中分配一个连续的区域,用来存储数组元素。

数组声明的内容有数组名、类型、维数和数组大小。

一般情况下,数组中各元素类型必须相同,但若数组为 Variant 时,可包含不同类型的数据。

(1) 静态数组:声明时数组的大小是确定的。

(2) 动态数组:声明时没有给定数组的大小(即省略了括号中的下标),使用时需要用 ReDim 语句重新指定数组的大小。

使用动态数组的优点是可以根据用户需要,有效地利用存储空间,它是在程序执行到 ReDim 语句时才分配存储单元,而静态数组是在程序编译时分配存储单元。

5.2   静 态 数 组

5.2.1   一维数组的声明和引用

1. 静态一维数组的声明

格式:

Dim 数组名 (下标) [As 类型]

说明:

(1) 下标必须为常数,不可以为表达式或变量,且下界小于等于上界。

(2) 通常下界和上界为正整数,若为小数则自动取整,下标下界最小为-32768,上界最大为 32767;一维数组的元素个数为:上界-下界+1。

(3) 当省略下界时,其默认值为为 0,在有些语言中,下界一般从 1 开始,为了便于使用,在 VB 的窗体模块或标准模块中使用 Option Base n(n 只能是 0 或 1)语句可重新设定数组的下界,例如 Option Base 1,表示数组的下界默认值为 1。

(4) 如果声明数组时省略类型,则为变体型(Variant),即默认数据类型为 Variant 类型。

(5) 可以在一条 Dim 语句中同时定义多个数组,其间用逗号分隔。

例如:

Dim a(15)As Integer,b(5)

说明:声明了一个一维数组 a,该数组有 16 个元素(下标的范围是 0~15),数组元素为整型,数组 b 为包含 6 个元素的变体类型数组

又如:

Dim c(-4 To 6)As String * 3

说明:声明了一个定长字符串一维数组 b,该数组有 11 个元素(下标的范围是-4~6),每个元素最多存放 3 个字符。

2. 一维数组元素的引用

引用一维数组元素的格式：数组名(下标)

引用数组元素时，下标可以为整型常量、变量或表达式。

例如，a(1)＝1:a(i)＝x＋y:a(i＋1)＝t

5.2.2 使用一维数组

1. 一维数组的赋值

（1）对数组中的元素逐个赋值

例如：

```
Dim arr(5) As Integer
arr(0)=5 : arr(1)=4 : arr(2)=-2 : arr(3)=1 : arr(4)=-8 : arr(5)=6
```

一般来说，如果各个数组元素的值彼此之间毫无规律可循，则可以采用逐个赋值的方法，显然这种方法在进行大量数据的处理时绝非上乘之选。

（2）使用循环语句对数组元素赋值

例如：

```
For i= 0 to 5
    arr(i)=Int(Rnd * 90)+10
Next i
```

如果各个数组元素的值彼此之间是有规律可循的，则可以采用循环语句来实现其赋值操作。

（3）使用 Array 函数

给 Variant 类型的变量赋值，同时确定数组大小。

使用格式：

```
Array(参数列表)
```

例如：

```
Dim arr As Variant
arr=Array(1,3,6,9,11)
```

用 Array 函数可以给 Variant 类型的变量赋值，此时该变量也表示一个 Variant 类型的动态数组。

2. 一维数组的输出

对于一维数组的输出，基本上都是使用一个单循环语句来达到目的的，例如：

```
For i=0 to 5
```

```
      Print arr(i)
    Next i
```

【例 5-1】　随机产生 50 个 0～100 之间的整数，输出并求出总和与平均值。程序运行界面如图 5-1 所示。

程序代码如下：

```
Private Sub Form_Click()
    Dim a%(1 To 50), i%, sum%, ave%
    sum=0
    For i=1 To 50
        a(i)=Int(Rnd * 101)
        sum=sum+a(i)
        Print Tab(5 * ((i-1) Mod 10)); a(i);
        If i Mod 10=0 Then Print
    Next i
    ave=sum / 50
    Print
    Print "总和为: "; sum; "平均值为: "; ave
End Sub
```

图 5-1　例 5-1 程序运行界面

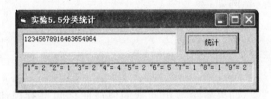

图 5-2　例 5-2 程序运行界面

【例 5-2】　输入字符串分别统计该字符串中每个数字字符（"0"～"9"）出现的次数。用 num(0) 来统计字符"0"的个数，用 num(1) 来统计字符"1"的个数，……，用 num(9) 来统计字符"9"的个数，并显示最后的统计结果。程序运行结果如图 5-2 所示。

程序代码如下：

```
Private Sub Command1_Click()
    Dim num%(0 To 9), i%, j%, a As String * 1
    Picture1.Cls
    lg=Len(Text1.Text)
    For i=1 To lg
        c=Mid(Text1, i, 1)
        If c>="0" And c<="9" Then
            j=Asc(c)-48
            num(j)=num(j)+1
        End If
    Next i
    For i=0 To 9
```

```
        If num(i)>0 Then Picture1.Print """"; Chr$(i+48); """"; "="; num(i);
    Next i
End Sub
```

【例 5-3】 使用 Array 函数建立并输出一个数组,然后将该数组的元素按从小到大的原则进行排序,并输出排序结果。程序运行结果如图 5-3 所示。

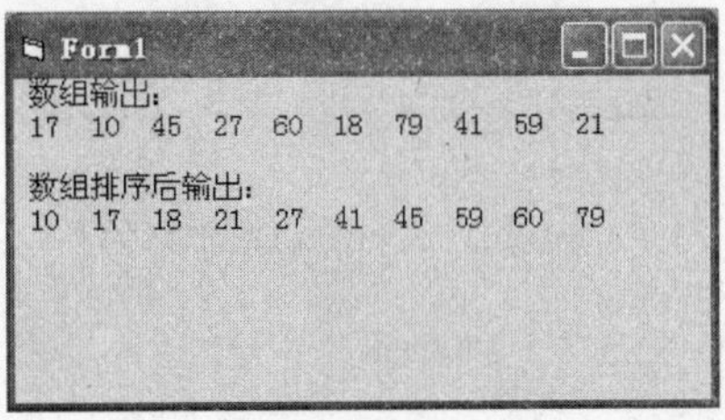

程序代码如下:

```
Option Base 1
Private Sub Form_Click()
    Dim b As Variant, n As Integer
    b=Array(17, 10, 45, 27, 60, 18, 79, 41, 59, 21)
    Print " 数组输出: "
    For i=1 To 10                           '将转换好的数组输出
        Print b(i);
        If i Mod 10=0 Then Print
    Next i
    Print
    For i=1 To 9                            '开始排序
        For j=1 To 10-i
            If b(j)>b(j+1) Then
                t=b(j): b(j)=b(j+1): b(j+1)=t
            End If
        Next j
    Next i
    Print " 数组排序后输出: "
    For i=1 To 10                           '将排好序的数组输出
        Print b(i);
    Next i
    Print
End Sub
```

图 5-3　例 5-3 程序运行界面

5.2.3　二维数组的声明和引用

1. 静态二维数组的声明

声明格式:

Dim 数组名 (下标 1, 下标 2) [As 类型]

说明:

(1) 每一维的下标说明格式:下界 To 上界。

(2) 二维数组的元素个数=(上界 1-下界 1+1)×(上界 2-下界 2+1)。

2. 二维数组的赋值

（1）通过 InputBox 函数输入，此方法适合输入少量数据。

例如：

```
Dim arr (5,6) As integer
For i=0 To 5
For j=0 To 6
    s(i,j)=InputBox("输人第" & i & "行第" & j &"列的值")
Next j
Next i
```

（2）通过文本框控件输入。对大批量的数据输入，采用文本框和函数 split()\join() 进行处理，效率更高。

3. 二维数组元素的引用

引用二维数组元素的格式为：

数组名(下标1,下标2)

例如：

```
Dim d (-1 To 5,6) As Long
```

说明：声明一个二维数组 d，该数组共有 49 个元素（第一维下标范围为-1～5，第二维下标的范围是 0～6），数组元素为长整型。其中 d(2,3)、d(0,1)等都是该数组的元素。

注意：

（1）在数组声明中的下标关系到数组每一维的数组元素个数，它是数组的说明符，而在程序其他地方出现的下标为数组元素的下标，两者写法相同，但意义不同。

（2）在数组声明时的下标只能是常数，而在其他地方出现的数组元素的下标可以是变量。

【**例 5-4**】 用 1～25 的自然数生成一个 5×5 按自然排列的二维矩阵，并输出到 Picture1 上；然后将该矩阵循环上移一行，第一行元素换到最后一行，结果在 Picture2 上输出。程序运行界面如图 5-4 所示。

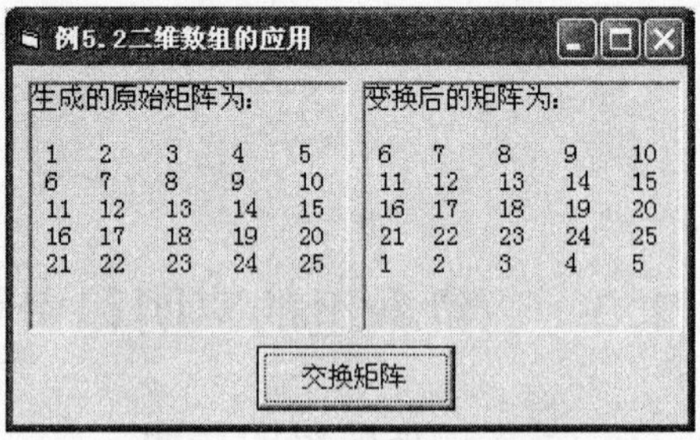

图 5-4　例 5-4 程序运行界面

程序代码如下：

```
Private Sub Command1_Click()
    Dim a%(1 To 5, 1 To 5), t(1 To 5) As Integer
    Picture1.Print "生成的原始矩阵为：" & vbCrLf
    For i=1 To 5
        For j=1 To 5
```

```
    a(i, j)=5*(i-1)+j
    Picture1.Print Tab(5*(j-1)); a(i, j);
  Next j
  Picture1.Print
Next i

Picture2.Print "变换后的矩阵为：" & vbCrLf
For j=1 To 5        '保存第一行数据于数组 t()
  t(j)=a(1, j)
Next j
For i=1 To 4
  For j=1 To 5
    a(i, j)=a(i+1, j)
  Next j
Next i
For j=1 To 5
  a(5, j)=t(j)
Next j
For i=1 To 5
  For j=1 To 5
    Picture2.Print Tab(5*(j-1)); a(i, j);
  Next j
  Picture2.Print
Next i
End Sub
```

5.2.4 多维数组的声明和引用

三维以上的数组统称为多维数组，在应用程序中，多维数组的使用与二维数组非常相似。

1. 静态多维数组的声明

声明格式：

Dim 数组名(下标 1,下标 2,…,下标 n) [As 类型]

2. 静态多维数组的引用

引用多维数组元素的格式：

数组名(下标 1,下标 2,…,下标 n)

说明：

（1）下标个数决定数组的维数，最多 60 维（即 $n \leqslant 60$）。

（2）每一维的元素个数＝上界－下界＋1；数组的元素个数＝每一维的元素个数的乘积。

5.3 动态数组

5.3.1 动态数组的声明

声明动态数组通常分为两步：第一，使用 Dim、语句声明一个没有下标的数组，即括号内为空的数组，但是括号不能省略；第二，在过程中使用 ReDim 语句指定该数组的大小，其作用是为数组分配实际存储空间。

Redim 语句的格式：

```
ReDim 数组名 (下标 1 [,下标 2,…]) [As 类型]
```

其中下标可以是常量，也可以是有了确定值的变量，类型可以省略，若不省略，则必须与 Dim 中的声明语句保持一致。

例如：

```
Dim d()As Single
Sub Form_Load()
...
ReDim d(4,6)
...
EndSub
```

说明：

（1）在动态数组 ReDim 语句中的下标可以是常量，也可以是有了确定值的变量。

（2）可以多次使用 ReDim 语句来改变数组元素格式和维数，但不能使用 ReDim 语句来改变数组的类型。

（3）每次使用 ReDim 语句都会使数组中原来的数据丢失，可通过 Preserve 参数保留数组中原来的数据，但使用 Preserve 参数后就只能改变最后一维的大小，不能改变数组的维数。格式：ReDim Preserve 数组名(下标)。

例如：Dim a( ) As Integer 定义动态数组；ReDim a(1 To 10)指明数组大小；ReDim a(3,4)改变数组元素个数和维数；ReDim Preserve a(3,5)在保留原来数据的基础上，增加一列。

【例 5-5】 在文本框中输入矩阵的行列数 n，根据文本框内输入矩阵的行列数 n，用 $1 \sim n \times n$ 的自然数生成一个 $n \times n$ 矩阵（数组），并显示在图形框中，并分别能显示上、下三角矩阵。程序运行界面如图 5-5 所示。

程序代码如下：

```
Option Base 1
```

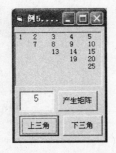

图 5-5　例 5-5 程序运行界面

```
Dim a% ()
Dim n%
Private Sub Command1_Click()
  Dim i%, j%
  Picture1.Cls
  n=Val(Text1.Text)
  ReDim a(n, n)
  For i=1 To n
    For j=1 To n
      a(i, j)=(i-1) * n+j
      Picture1.Print Tab(4 * j); a(i, j);
    Next j
    Picture1.Print
  Next i
  ReDim Preserve a(n, n)
  Command2.Enabled=True
  Command3.Enabled=True
End Sub

Private Sub Command2_Click()
  Picture1.Cls
  For i=1 To n
    For j=i To n
      a(i, j)=(i-1) * n+j
      Picture1.Print Tab(4 * j); a(i, j);
    Next j
    Picture1.Print
  Next i
End Sub

Private Sub Command3_Click()
  Picture1.Cls
  For i=1 To n
    For j=1 To i
```

```
        a(i, j) = (i-1) * n+j
        Picture1.Print Tab(4 * j); a(i, j);
    Next j
    Picture1.Print
  Next i
End Sub

Private Sub Form_Load()
  Command2.Enabled= False
  Command3.Enabled= False
End Sub
```

5.3.2 与动态数组操作相关的函数

1. Array 函数

给 Variant 类型的动态数组赋值,同时确定数组大小。

使用格式:

```
Array(参数列表)
```

说明:

(1) 用 Array 函数给动态数组赋值后,该数组被确定为一维数组,其下标下界由 Option Base n 语句决定,下标上界由参数个数决定。

(2) 用 Array 函数也可给 Variant 类型的变量赋值,此时该变量也表示一个 Variant 类型的动态数组。

例如:

```
Dim a() As Variant,b As Variant
a=Array(1,"abc",3)
b=Array(5,6)
a=Array(9,8,7,6):                '重新改变数组 a 的元素个数
ReDim Preserve a(2),b(1 To 5)    '改变数组 a、b 的大小,并保留原来的数据
```

2. Lbound()函数和 Ubound()函数

Lbound()函数和 Ubound()函数帮助用户确定数组每一维下标的变化范围,Lbound()函数返回数组的下界,Ubound()函数返回数组上界。

使用格式:

```
Lbound(数组名,n)和 Ubound(数组名,n)
```

说明:n 表示第几维,默认为 1(第一维),即省略参数 n 时,默认数组为一维数组。

例如,输出动态一维数组 a 中的各元素:

```
For i=Lbound (a) To Ubound(a)
   Print a(i)
Next i
```

【例 5-6】 通过 Array 函数获得 6 个整数存放于数组 a 中,在文本框输入一个数,将其插入到数组中,使得数组中的各元素保持小到大的次序,并显示,然后删除数组中负数元素并显示最后结果。程序运行结果如图 5-6 所示。

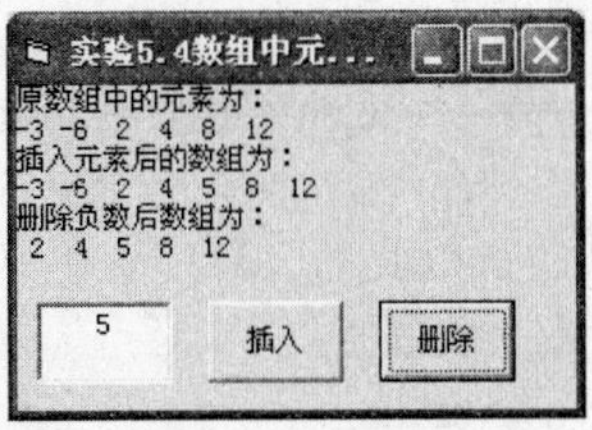

程序代码如下:

```
Dim a()
Private Sub Command1_Click()
   Dim i%, j%, x%
   x=Val(Text1.Text)
   For i=0 To UBound(a)
     If x<=a(i) Then Exit For
   Next i
   ReDim Preserve a(UBound(a)+1)
   For j=UBound(a) To i Step-1
     a(j)=a(j-1)
   Next j
   a(i)=x
   Print "插入元素后的数组为: "
   For i=0 To UBound(a)
      Print a(i);
   Next i
   Print
End Sub


Private Sub Command2_Click()
   i=0
   Do While (i<=UBound(a))           ' 对每个元素判断
     If a(i)<0 Then
       For j=i To UBound(a)-1        ' pos 位置上的那个负数被移位压缩
         a(j)=a(j+1)
       Next j
       ReDim Preserve a(UBound(a)-1) ' 数组减少一个元素
     Else
       i=i+1                         '处理下一个元素
     End If
   Loop
   Print "删除负数后数组为: "
   For i=0 To UBound(a)
```

图 5-6   例 5-6 程序运行界面

```
      Print a(i);
   Next i
End Sub


Private Sub Form_Load()
  a =  Array(-3,-6, 2, 4, 8, 12)
  Print "原数组中的元素为: "
  For i= 0 To 5
    Print a(i);
  Next i
  Print
End Sub
```

5.4　控 件 数 组

5.4.1　控件数组的概念

控件数组是一组相同类型的控件,共用同一个控件名,共享同样的事件过程,完成相似的操作,每个控件都有一个唯一的下标,即 Index 属性,第一个元素的下标为 0。控件数组适用于若干个控件执行的操作相似的场合。

5.4.2　控件数组的建立

建立控件数组有以下两种基本方法。

1. 在设计阶段静态创建

基本步骤如下:

(1) 在窗体上创建控件数组中的第一个控件,并设置好控件名等相关属性。

(2) 选择该控件,执行"复制"操作。

(3) 根据需要执行若干次"粘贴"操作。

(4) 进行事件过程的编程。

2. 在运行阶段动态添加

(1) 在窗体上创建控件数组中的第一个控件,设置好控件名等相关属性后,设置其 Index 属性值为 0,表示这是一个控件数组。

(2) 在代码中使用 Load 语句和 Unload 语句进行控件元素的添加和删除。

使用格式:

Load 控件数组名(下标)

Unload 控件数组名(下标)

（3）设置新添加控件的相关属性,可通过 Left 属性和 Top 属性确定其位置,并将
Visible 属性设置为 True。

5.4.3 控件数组的引用

控件数组元素的引用格式:

控件数组名(Index)

【例 5-7】 建立含有 3 个命令按钮的控件数组,当单击某个命令按钮时,分别执行不
同的操作。程序运行结果如图 5-7 所示。

（1）在窗体上建立一个命令按钮,其 Name 属性设置
为 Comtest,复制两个命令按钮。

（2）把 3 个命令按钮的 Caption 属性依次设置为"命
令按钮 1"、"命令按钮 2"和"退出"。

（3）双击任一命令按钮,打开代码编辑窗口,输入如
下代码:

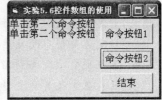

图 5-7 例 5-7 程序运行界面

```
Private Sub comtest_Click(Index As Integer)
    FontSize=12
    If  Index=0 Then
        Print "单击第一个命令按钮"
    ElseIf  Index=1 Then
        Print "单击第二个命令按钮"
    Else
        End
    End If
End Sub
```

5.5 自定义数据类型

1. 自定义数据类型的定义

自定义数据类型是指由若干标准数据类型组成的一种复合类型,也称为记录类型。
定义格式:

Type 自定义类型名
　　元素名[(下标)]As 类型名
　　…
　　元素名[(下标)]As 类型名
EndType

元素名：表示自定义类型中的一个成员。

下标(可选)：表示是数组。

类型名：为标准类型。

例如,定义一个病人信息的自定义类型：

```
Type patient
    no As Integer          '定义病人医疗卡号
    name As String * 15    '定义姓名
    sex As String * 2      '定义病人性别
    age As Integer         '定义年龄
    section As String * 10 '定义挂号门诊科室
End Type
```

注意：

(1) 自定义类型一般在标准模块(. bas)中定义,默认是 Public。

(2) 自定义类型中的元素可以是字符串,但应是定长字符串。

(3) 不可把自定义类型名与该类型的变量名混淆。

(4) 注意自定义类型变量与数组的差别。它们都由若干元素组成,前者的元素代表不同性质、不同类型的数据,以元素名表示不同的元素;后者存放的是同种性质、同种类型的数据,以下标表示不同元素。

2. 自定义类型变量的声明和使用

声明形式：

Dim 变量名 As 自定义类型名

例如：

Dim patient1 As patient,patient2 As patient

自定义类型中元素的表示方法是：

变量名.元素名

例如：

patient1.age

当引用该自定义型中的多个元素时,为了简单起见,可以用 With…End With 语句进行简化。

例如：

```
With patient2
.no= 20063102
.name= "张三"
.sex="男"
.age=45
.section="消化内科"
End With
```

同一自定义类型的变量之间可以直接赋值,例如:patient1=patient2。

3. 自定义类型数组的使用

自定义类型数组就是数组中的每个元素都是自定义类型。

例如,自定义一个由病人医疗卡号、姓名、年龄、组成的病人记录类型,用来存放50个病人的记录。代码如下:

```
Type  patientType
  no As Integer              '定义病人医疗卡号
  name As String * 15        '定义姓名
  age As Integer             '定义年龄
End Type
Dim pat(1 to 50) As patientType
```

习   题

习题 5.1 随机产生 10 个两位正整数,求出最大值、最小值、和、平均值,并在标签中显示这 10 个数和结果。程序运行界面如图 5-8 所示。

习题 5.2 输出大小(大小通过输入框 InputBox 输入)可变的正方形习题图案,程序运行界面(当用户输入的数值为 8 时)如图 5-9 所示,最外圈是第一层,要求每层上用的数字与层数相同。

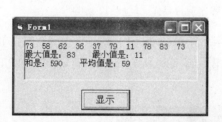

图 5-8 程序运行界面

图 5-9 程序运行界面

习题 5.3 产生一个 4×4 的矩阵,矩阵中的元素为随机产生的三位正整数。要求如下:

(1)输出产生的矩阵,分别输出上三角和下三角矩阵。

(2)输出矩阵对角线元素的和。

(3)交换矩阵第一行和第三行的位置,并输出结果。

程序运行界面如图 5-10 所示。

习题 5.4 随机产生 10 个[30,99]之间的正整数,并输出,然后按从小到大递增的顺序排列,并将排序结果显示出来。程序运行界面如图 5-11 所示。

习题 5.5 输入整数 n,显示出具有 n 行的杨辉三角形。显示的中心位置为 25,每项

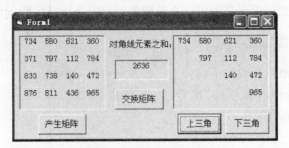

图 5-10　程序运行界面

图 5-11　程序运行界面

数据占 6 位长度,程序运行界面如图 5-12 所示。

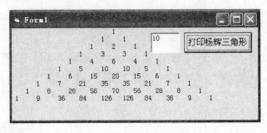

图 5-12　程序运行界面

习题 5.6　用 1～16 的自然数生成一个 4×4 按自然排列的二维矩阵,并输出到 Picture1 上;然后将该矩阵循环上移一行,第一行元素换到最后一行,结果在 Picture2 上输出,程序运行界面如图 5-13 所示。

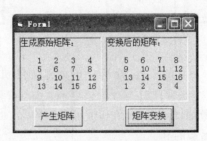

图 5-13　程序运行界面

第 **6** 章 过 程

Visual Basic 中的过程有通用过程和事件过程之分,本章所学习的是通用过程。通用过程与事件过程不同,因为它并不与某个运行事件或使用工具箱控件创建的对象相关联。通用过程与 Visual Basic 的内建语句和函数类似,它们都按名称调用、可接收参数,并且分别完成某一特定任务。本章所提到的过程都是指通用过程。

6.1 过 程 概 述

6.1.1 过程的概念

将程序分割成较小的逻辑部件就可以简化程序设计任务。这些部件称为过程,它们可以变成增强和扩展 Visual Basic 的构件。

例如,想象有这样一个程序,它具有 3 种打印处方的机制:名为 Print(打印处方)的菜单项、名为 Print(打印处方)的工具栏按钮和名为 Print(打印处方)的拖放式打印机图标。用户可以将相同的打印处方过程放入 3 种事件过程;也可以使用标准模块中的一个过程,从 3 个不同位置处理打印处方的请求。后一种方法减少了代码输入时间,降低了出错的可能性,它使得程序更小且更易于使用,并且使事件过程更容易阅读。

6.1.2 过程的优点

Visual Basic 允许把一个经常用到的过程以熟悉的名称写入某个标准模块。用户可以使用标准模块中的函数和子过程来创建通用例程。使用过程有如下几个方面的好处。

(1) 消除了重复语句行。可以只定义一次过程,而在程序多次执行这一过程。

(2) 使程序更易阅读。由一系列小程序段组成的程序比大段大段的程序更容易理解和区分。

(3) 简化了程序开发。把程序分成一些合乎逻辑的单位更易于设计、编写和调试。另外,如果用户正在某个小组中编写程序,那么小组中的成员之间只需要相互交换过程和模块,而无需交换整个程序。

（4）其他程序可重复使用该通用过程。你可以轻易地将标准模块过程纳入其他编程项目中。

（5）扩展 Visual Basic 语言。过程往往能够完成单个 Visual Basic 关键字无法完成的任务。

过程可用于压缩重复任务或共享任务，例如，压缩频繁的计算、文本与控件操作和数据库操作。过程可使程序划分成离散的逻辑单元，每个单元都比无过程的整个程序容易调试。一个程序中的过程，往往不必修改或只需稍作改动，便可以成为另一个程序的构件。

6.1.3　过程的分类

在 Visual Basic 中分为下列 3 种过程。

子过程（Sub 过程）：不需要返回值。事件过程或其他过程可按名称调用子过程。子过程能够接收参数，并可用于完成过程中的任务并返回一些数值。但是，与函数过程不同，子过程不返回与其特定子过程名相关联的值（尽管它们能够通过变量名返回数值）。子过程一般用于接收或处理输入数据、显示输出或者设置属性。

函数过程（Function 过程）：需要返回值。事件过程或其他过程可按名称调用函数过程。函数过程能够接收参数，并且总是以该函数名返回一个值。这类过程一般用于完成计算任务。

属性过程（Property 过程）：返回并指定值，以及设置对象引用。属性过程用来创建和操作程序中用户定义的属性。这是一种有用的、或者说在某种程度上相当高级的特性，它使用户能够定制现有的 Visual Basic 控件并通过创建新的对象、属性和方法来扩展 Visual Basic 语言。

6.2　函 数 过 程

函数过程是标准模块中位于 Function 语句与 End Function 语句之间的一系列语句。函数中的这些语句完成某些有意义的工作，一般是处理文本、进行输入或计算一个值。通过将函数名与任何所需的参数（参数是用来使函数工作的数据）一起置于一条程序语句中，可以执行或称做调用该函数。换句话说，使用函数过程与使用内置函数（比如 Time、Int 或 Str 等）的方法完全相同。每个函数完成一种服务，比如进行计算并返回一个值。

注意：在标准模块中声明的函数在默认状态下是公用函数，它们可在任何事件过程中使用。

定义函数过程有两种方法。

1. 在代码窗口中直接定义

函数的基本语法为：

```
Function FunctionName([arguments])[As Type]
```

局部变量和常量的定义：

```
function statements
FunctionName=返回值
[Exit Function]
End Function
```

函数可以有一个类型。方括号（[ ]）内是可选的语法成分。未在方括号以内的是Visual Basic 必需的语法成分。

下列语法成分十分重要。

FunctionName 是要创建函数的函数名称。

Arguments 为可选项，由函数中用到的一系列参数组成（参数之间用逗号隔开）。

As Type 为可选项，用于指定函数返回值的数据类型（默认类型为变体类型）。

function statements 是完成函数功能的一组语句。

Exit Function 表示退出函数过程。

函数总是以该函数的名称（FunctionName）返回给调用过程一个值。因此，至少对函数名作一次赋值，函数中的最后一行语句往往是将函数的最终计算结果放入FunctionName 中的赋值语句。

2. 利用"工具"菜单下的"添加过程"命令来定义

步骤如下：

单击"工具"→"添加过程"命令，打开"添加过程"对话框，如图 6-1 所示。

在"名称"文本框中输入函数过程名，在"类型"选项组中选"函数"，定义函数过程，在"范围"选项组中选"公有的"，定义一个公有的全局过程（选"私有的"可以定义一个模块/窗体级的局部过程）。

【例 6-1】 编写一个函数，实现一个十进制整数转换成为二～十六任意进制整数的功能，界面如图 6-2 所示。

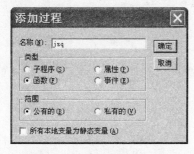

图 6-1 "添加过程"对话框

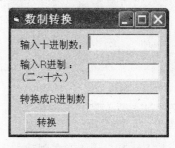

图 6-2 程序运行界面

在图 6-2 中,两个文本框中分别输入需要转换的十进制数和进制(二~十六之间任意输入 1 个数字),转换后的结果在最下面的文本框中输出。

函数过程定义如下:

```
Function TranDec$ (ByVal m%, ByVal r%)
Dim StrDtoR$
Dim iB%, mr%
StrDtoR=""
Do While m<>0
mr=m Mod r
m=m\r
If mr>=10 Then
StrDtoR=Chr(mr-10+65) & StrDtoR        '余数≥10转换为 A~F,最先求出的余数位数最低
Else
StrDtoR=mr & StrDtoR                    '余数<10直接连接,最先求出的余数位数最低
End If
Loop
TranDec=StrDtoR
End Function
```

6.3 子 过 程

子过程类似于用户自定义函数,不同之处是子过程不返回与其名称相关联的值。子过程一般用来从用户那里得到输入数据、显示或打印信息,或者操纵与某一条件相关的几种属性。子过程也用来在过程调用中处理和返回数个变量。大多数函数只能返回唯一一个值,但子过程却能够返回多个值。

子过程是在响应事件时执行的代码块。将模块中的代码分成子过程后,在应用程序中查找和修改代码变得更容易了。

6.3.1 子过程的定义

子过程的定义和函数过程相似,也有两种方法。

1. 在代码窗口中直接定义

函数的基本语法为:

```
Sub procedurename (arguments)
procedure statements
End Sub
```

ProcedureName 是正在创建的子过程的名称。

arguments 是一系列可选的、可在该子过程中使用的参数（如果不止一个参数，则由逗号分开）。

procedure statements 是完成该过程工作的一组语句。

在过程调用中，发送到子过程的参数数值和类型必须与子过程声明语句中参数数值和类型相符。如果传递到子过程的变量在过程中被修改，更新后的变量则被返回给程序。默认状态下，在一个标准模块中声明的子过程是公用的，因此能够被任何事件过程所调用。

过程调用中的参数必须与子过程声明语句中的参数相符。

每次调用过程都会执行 Sub 和 End Sub 之间的 procedure statements。可以将子过程放入标准模块、类模块和窗体模块。按照默认规定，所有模块中的子过程为 Public(公用的)，这意味着在应用程序中可随处调用它们。过程的 arguments 类似于变量声明，它声明了从调用过程传递进来的值。

2. 利用"工具"菜单下的"添加过程"命令来定义

方法与函数过程定义基本相同，只是在"类型"选项组中选"子过程"，其余步骤相同。

【例 6-2】 编写一个子过程 del(s1,s2)，将字符串 s1 中出现的 s2 子字符串删去，结果还是存放在 s1 中，如图 6-3 所示。

例如：s1＝"123456789abc"，s2＝"abc"

结果：s1＝"123456789"

子过程定义如下：

图 6-3　例 6-2 程序运行界面

```
Private Sub del(s1 As String, ByVal s2 As String)
Dim i%
i= InStr(s1, s2)
ls2= Len(s2)
Do While i> 0
s1= Left(s1, i-1)+Mid(s1, i+ls2)
i= InStr(s1, s2)
Loop
End Sub
```

在 Visual Basic 中应注意区分通用过程和事件过程这两类子过程。

6.3.2　通用过程

通用过程告诉应用程序如何完成一项指定的任务。一旦确定了通用过程，就必须专由应用程序来调用。反之，直到为响应用户引发的事件或系统引发的事件而调用事件过程时，事件过程通常总是处于空闲状态。

为什么要建立通用过程呢？理由之一就是，几个不同的事件过程也许要执行同样的动作。将公共语句放入一个分离开的过程（通用过程）并由事件过程来调用它，这样就不必重复代码，也容易维护应用程序。如图 6-4 所示，示例应用程序使用了一个通用过程，几个不同的 Click 事件都调用这个通用过程。图中说明了通用过程的使用。Click 事件中的代码调用按钮管理器的通用过程，通用过程运行自身的代码，然后将控制返回到 Click 事件过程。

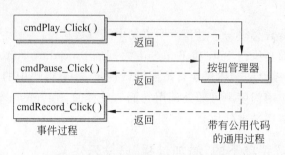

图 6-4　通用过程被事件过程调用示例

6.3.3　事件过程

当 Visual Basic 中的对象对一个事件的发生做出认定时，便自动用相应于事件的名字调用该事件的过程。因为名字在对象和代码之间建立了联系，所以说事件过程是附加在窗体和控件上的。

（1）一个控件的事件过程将控件的（在 Name 属性中规定的）实际名字、下划线和事件名组合起来。例如，如果希望在单击了一个名为 cmdPlay 的命令按钮之后，这个按钮会调用事件过程，则要使用 cmdPlay_Click 过程。

（2）一个窗体事件过程将词汇 Form、下划线和事件名组合起来。如果希望在单击窗体之后，窗体会调用事件过程，则要使用 Form_Click 过程（和控件一样，窗体也有唯一的名字，但不能在事件过程的名字中使用这些名字）。如果正在使用 MDI 窗体，则事件过程将词汇 MDIForm、下划线和事件名组合起来，如 MDIForm_Load。

所有的事件过程使用相同的语法。

虽然可以自己编写事件过程，但使用 Visual Basic 提供的代码过程会更方便，这个过程自动将正确的过程名包括进来。从"对象框"中选择一个对象，从"过程框"中选择一个过程，就可在代码编辑器中选择一个模板。

在开始为控件编写事件过程之前要先设置控件的 Name 属性。如果对控件附加一个过程之后又更改控件的名字，那么也必须更改过程的名字，以符合控件的新名字。否则，Visual Basic 无法使控件和过程相符。过程名与控件名不符时，过程就成为通用过程。

6.4 过程的调用

调用过程有诸多技巧，它们与过程的类型、位置以及在应用程序中的使用方式有关。下面就说明如何调用 Sub 过程和 Function 过程。

6.4.1 调用子过程

在表达式中，Sub 过程不能用其名字调用。调用 Sub 过程的是一个独立的语句。Sub 过程还有一点与函数不一样，它不会用名字返回一个值。但是，与 Function 过程一样，Sub 过程也可以修改传递给它们的任何变量的值。

调用 Sub 过程有两种方法。

以下两个语句都调用了名为 MyProc 的 Sub 过程：

```
Call MyProc (FirstArgument, SecondArgument)
MyProc FirstArgument, SecondArgument
```

当使用 Call 语法时，参数必须在括号内。若省略 Call 关键字，则必须省略参数两边的括号。

【例 6-3】 在例 6-2 的基础上，增加对子过程的调用，使程序完整。

```
Private Sub Command1_Click()
Dim ss1 As String
ss1=Text1.Text
Call del(ss1, Text2.Text)        '调用子过程
Text3.Text=ss1
End Sub
```

【例 6-4】 编写一个程序。一行文字"大家新年好"在窗体中左右移动。移动方式有两种：单击手动按钮，移动 50twip 单位；单击自动按钮，按时钟按钮触发频率连续移动，并且显示的文字黑白闪烁；当超出窗体范围时，进行反弹，如图 6-5 所示。

程序代码如下：

```
Dim step1 As Integer
Private Sub Form_Load()
  step1=1
  Timer1.Interval=0
End Sub
```

图 6-5　例 6-4 运行结果

```
Private Sub Command2_Click()              '手动
```

```
        Timer1.Interval=0
          Call MyMove                        '子过程的调用
      End Sub


      Private Sub Command1_Click()           '自动
          Timer1.Interval=200
      End Sub
      Private Sub Timer1_Timer()
          Static Flag As Boolean
          If Flag Then Label1.ForeColor=&HFFFFFF Else Label1.ForeColor=&H0&
          Flag=Not Flag
          Call MyMove                        '子过程的调用
      End Sub


      '子过程的定义
      Public Sub MyMove()
        Label1.Move Label1.Left+50 * step1
         If Label1.Left>Form1.Width Then
            step1=-1
          ElseIf Label1.Left<0 Then
            step1=1
         End If
      End Sub
```

6.4.2 调用函数过程

通常,调用自行编写的函数过程的方法和调用 Visual Basic 内部函数过程(例如 Abs)的方法一样,即在表达式中写上它的名字。

下面的语句都调用函数 ToDec。

```
Print 10 * ToDec
X=ToDec
If ToDec=10 Then Debug.Print "Out of Range"
X=AnotherFunction (10 * ToDec)
```

就像调用 Sub 过程那样,也能调用函数。下面的语句都调用同一个函数:

```
Call Year (Now)
Year Now
```

当用这种方法调用函数时,Visual Basic 放弃返回值。

【例 6-5】 在例 6-1 的基础上,增加对子过程的调用,使程序完整。

```
Private Sub Command1_click()
    Dim m0%, r0%, i%
```

```
    m0=Val(Text1.Text)
    r0=Val(Text2.Text)
    If r0<2 Or r0>16 Then
    i=MsgBox("输入的 R 进制数超出范围", vbRetryCancel)
    If i=vbRetry Then
    Text2.Text=""
    Text2.SetFocus
    Else
    End
    End If
    End If
    Label3.Caption="转换成" & r0 & "进制数"
    Text3.Text=TranDec(m0, r0)            '调用函数过程
End Sub
```

【例 6-6】 编写一个函数过程,求一组数组中的最小值。

主调程序随机产生 10 个 100~200 之间的
整数,调用函数过程,显示最小值,运行结果如
图 6-6 所示。

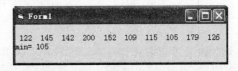

图 6-6　例 6-6 运行结果

程序代码如下:

```
Private Sub Form_Click()
    Print
    Dim a(1 To 10), i%
    For i=1 To 10
    a(i)=Int(Rnd*101+100)
    Print a(i);
    Next i
    Print
    Print "min="; s(a())            '函数过程的调用
End Sub

Function s(b())                     '定义函数过程
    Dim i%
    min=b(LBound(b))
    For i=LBound(b)+1 To UBound(b)
    If b(i)<min Then min=b(i)
    Next i
    s=min
End Function
```

6.4.3　调用其他模块中的过程

在工程中的任何地方都能调用其他模块中的公用过程。可能需要指定这样的模块,

它包含正在调用的过程。调用其他模块中的过程的各种技巧,取决于该过程是在窗体模块中、类模块中还是标准模块中。

1. 窗体中的过程

所有窗体模块的外部调用必须指向包含此过程的窗体模块。如果在窗体模块 Form1 中包含 SomeSub 过程,则可使用下面的语句调用 Form1 中的过程:

```
Call Form1.SomeSub(arguments)
```

2. 类模块中的过程

与窗体中调用过程类似,在类模块中调用过程要调用与过程一致并且指向类实例的变量。

但是不同于窗体的是,在引用一个类的实例时,不能用类名做限定符。必须首先声明类的实例为对象变量,并用变量名引用它。

3. 标准模块中的过程

如果过程名是唯一的,则不必在调用时加模块名。无论是在模块内,还是在模块外调用,结果总会引用这个唯一过程。如果过程仅出现在一个地方,则这个过程就是唯一的。

如果两个以上的模块都包含同名的过程,就有必要用模块名来限定了。在同一模块内调用一个公共过程就会运行该模块内的过程。例如,对于 Module1 和 Module2 中名为 CommonName 的过程,从 Module2 中调用 CommonName,则运行 Module2 中的 CommonName 过程,而不是 Module1 中的 CommonName 过程。

从其他模块调用公共过程名时必须指定那个模块。例如,若在 Module1 中调用 Module2 中的 CommonName 过程,要用下面的语句:

```
Module2.CommonName (arguments)
```

6.5　传　递　参　数

向过程传递参数,过程中的代码通常需要某些关于程序状态的信息才能完成它的工作。信息包括在调用过程时传递到过程内的变量。当将变量传递到过程时,称变量为参数。

传递给过程的参数有传地址和传值两种传递方式。当变量通过地址传递时(默认),对变量的任何修改都被传递回调用过程。传址具有显著的优势,只是一定要注意不要在过程中无意地修改变量。

6.5.1　参数的数据类型

过程的参数被默认为具有 Variant 数据类型。不过,也可以声明参数为其他数据类型。例如,下面的函数接受一个字符串和一个整数:

```
'根据星期几和时间,返回午餐菜单
Function WhatsForLunch(WeekDay As String, Hour _As Integer) As String
    If WeekDay="周一" then
    WhatsForLunch="中饭吃鱼"
    Else
    WhatsForLunch="中饭吃肉"
    End If
    If Hour> 4 Then WhatsForLunch="订单时间太晚,无法完成"
End Function
```

6.5.2　按值传递参数

按值传递参数时,传递的只是变量的副本。如果过程改变了这个值,则所做变动只影响副本而不会影响变量本身。用 ByVal 关键字指出参数是按值来传递的。

【例 6-7】　以下是一个药品价格计算的子过程,子过程名为 OldToNew,参数 Old 为原来药品价格,参数 New 为新的药品价格。

```
Sub OldToNew(old,neww)
old=old * 1.05          '药品价格上涨 5%
neww=Int(old)           '取整以后得到新的药品价格
End Sub
...
Private Sub Form_Load()
  price=100
new1=0
OldToNew  price,  new1
Print "原来价格为: "; price; "药品价格上涨 5%后,价格为: "; new1
End Sub
```

在本例中,程序员将两个传址变量传递给 OldToNew 过程: old 和 new。程序员计划在随后的 Print(打印)方法中使用被更新后的 new1 变量和原来的 price 变量,以体现出新旧价格的变化。但不幸忘掉了 old 变量在过程的中间步骤中也被更新了(因为 old 是传址变量,对 old 的修改自动地造成了对 price 的相同修改)。当程序运行时,就产生了如图 6-7 所示的结果。

在这里要警惕传址变量存在的隐患。

图 6-7　程序运行界面

为了避免上述问题的一个明显做法是在过程中对所传递的变量不做修改。但是这一解决方案会增加程序代码长度,并且当你同多名程序员一同工作时这种方法也被证明是不可靠的。一种更好的方法是当你声明一个过程时,在参数列表中使用 ByVal 关键字,它告诉 Visual Basic 保持原始参数的副本并在过程结束时毫无变化地返回,即使该变量在过程中被修改了。ByVal 在参数列表中的使用方法为:

```
Sub OldToNew(ByVal old,neww)
```

当使用 ByVal 声明 old 参数时,程序就会产生正确的结果,如图 6-8 所示。

如果不想依赖于 ByVal 关键字,也可以使用另一种方法防止所传递的变量被修改:可以通过将变量置于括弧内而把它转化为文字值。这种很少使用的方法在 Visual Basic 中是可行的,而且它使过程调用更为直观。有时候这种方法还是按值传递变量的有效方法。调用 OldToNew 过程和按值传递 Price 变量的语法为(可以通过将变量置于括弧内而使其按值传递):

```
OldToNew (price),new1
```

如果示例程序以这种方式被调用,也会产生正确的结果,如图 6-9 所示。

图 6-8 程序运行界面

图 6-9 程序运行界面

6.5.3 按地址传递参数

按地址传递参数使过程用变量的内存地址去访问实际变量的内容。结果将变量传递给过程时,通过过程可永远改变变量值。按地址传递参数在 Visual Basic 中是默认的。

如果给按地址传递参数指定数据类型,就必须将这种类型的值传给参数。可以给参数传递一个表达式,而不是数据类型。Visual Basic 计算表达式,如果可能,则还会按要求的类型将值传递给参数。

把变量转换成表达式的最简单的方法就是把它放在括号内。

【例 6-8】 为了把声明为整数的变量传递给过程,该过程以字符串为参数,则可以用下面的语句:

```
Sub CallingProcedure ()
    Dim intX As Integer
    intX=12 * 3          '需要传递的参数是个表达式,在这里把表达式转换成变量
    Foo (intX)           '再传递给 Foo 过程
End Sub


Sub Foo (Bar As String)
    MsgBox Bar           'Bar 的值为字符串'36'。
```

```
End Sub

Private Sub Form_Click()
    CallingProcedure
End Sub
```

运行结果如图 6-10 所示。

图 6-10　例 6-8 运行结果

6.5.4　使用可选的参数

在过程的参数列表中列入 Optional 关键字,就可以指定过程的参数为可选的。如果指定了可选参数,则参数表中此参数后面的其他参数也必是可选的,并且要用 Optional 关键字来声明。

【例 6-9】　下面两段示例代码假定有一个窗体,其内有一命令按钮和一列表框。
这段代码没有提供可选参数:

```
Dim strName As String
Dim strAddress As String
Sub ListText(x As String, yAs String)      '设置了两个参数
List1.AddItem x
List1.AddItem y
End Sub
Private Sub Command1_Click ()
strName= "yourname"                        '只提供了一个参数。
Call ListText (strName)                     '调用时也只使用一个参数
End Sub
```

结果如图 6-11 所示,给出错误信息。
而下面的代码并未提供全部可选参数:

```
Dim strName As String
Dim varAddress As Variant
Sub ListText (x As String, Optional y As Variant)   '设置了一个可选参数
List1.AddItem x
If Not IsMissing (y) Then
List1.AddItem y
End If
End Sub
Private Sub Command1_Click ()
strName= "yourname"                                '未提供第一个参数
Call ListText (strName)                             '调用时只使用了第一个参数
End Sub
```

通过设置可选参数后,程序运行正常,如图 6-12 所示。

图 6-11　错误提示

图 6-12　程序运行结果

注意：在未提供某个可选参数时，实际上将该参数作为具有 Empty 值的变体来赋值。

6.5.5　提供可选参数的默认值

也可以给可选参数指定默认值。在下例中，如果未将可选参数传递到函数过程，则返回一个默认值。

```
'设置可选参数的默认值为 12345
Sub ListText(x As String, Optional y As  Integer=12345)
List1.AddItem x
List1.AddItem y
End Sub
Private Sub Command1_Click ()
strName= "yourname"              '未提供第二个参数。
Call ListText (strName)          '调用时只使用了第一个参数
End Sub
```

图 6-13　程序运行结果

程序运行中，子过程自动调用了第二个参数的默认值，所以结果如图 6-13 所示。

6.5.6　用命名的参数创建简单语句

对许多内建函数、语句和方法，Visual Basic 提供了命名参数方法来快捷传递参数值。对命名参数，通过给命名参数赋值，就可按任意次序提供任意多参数。为此，输入命名参数，其后为冒号、等号和值（MyArgument：＝"SomeValue"），可以按任意次序安排这些赋值，它们之间用逗号分开。注意，下例中的参数顺序和所要参数的顺序相反。

```
Function ListText (strName As String, Optional strAddress As String)
List1.AddItem strName
List2.AddItem strAddress
End Sub
Private Sub Command1_Click ()
```

```
ListText strAddress:="12345", strName:="Your Name"
End Sub
```

如果过程有若干不必总要指定的可选参数,则上述内容更为有用。

6.6　过程的嵌套

VB 的过程定义都是平行的关系,或者说是相对独立的存在,这在前几节的学习中应该可以感受到。定义一个过程的时候,一个过程内部不能再定义另外一个过程。这里所说的过程嵌套,应该是过程的嵌套调用。

6.6.1　过程的嵌套调用

在过程的调用中,可以使用嵌套调用。由于 VB 采用面向对象的程序设计技术,采用事件驱动的编程机制,所以程序的执行大多从事件过程开始。比如,在事件过程的执行过程中需要调用过程一,则系统此时会立刻去执行过程一,若在过程一的执行过程中需要调用过程二,则系统此时会立刻去执行过程二(若在过程二的执行过程中需要调用过程三,则依次类推),直到过程二执行完毕,系统将回到过程一执行调用过程二语句下面的语句,过程一执行完毕,系统将回到事件过程执行调用过程一语句下面的语句。一般来说,过程一和过程二,可以是子过程,也可以是函数过程。过程嵌套调用的执行原理如图 6-14 所示(其中带圆圈的数值为执行步骤):

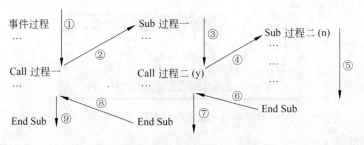

图 6-14　过程嵌套调用的执行原理

【例 6-10】　在标准事件过程(Command1_Click())中调用数组数据交换事件过程(cha):将包含 10 个元素(元素值分别为 1～10 的数组)的数组的前 5 个元素与后 5 个元素的值进行交换;在 cha 的执行过程中再次调用打印事件过程(print1)将交换好的数组给予输出。

本程序只需在用户界面上放置一个命令按钮。

编写标准事件过程代码如下:

```
Private Sub Command1_Click()
Dim a(10) As Integer, i%                    '定义数组
```

```
For i=1 To 10                          '给数组赋值
  a(i)=i
Next i
cha a()                                '调用交换数组元素值的事件
Print "The sub Command1_Click() is End."
End Sub
```

编写 cha 过程代码如下：

```
Public Sub cha(b() As Integer)
Dim i%, t%
For i=1 To 5                           '交换数组值
  t=b(i): b(i)=b(i+5): b(i+5)=t
Next i
print1 b()                             '调用输出过程
Print "The sub cha is End."
End Sub
```

编写 print1 过程代码如下：

```
Private Sub print1(c() As Integer)
For i=1 To 10
  Print   c(i); "   ";
Next i
End Sub
```

本程序运行结果如图 6-15 所示。

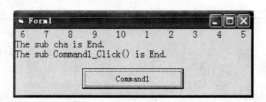

图 6-15　过程的嵌套调用示例

从程序的运行结果可以看到,程序的运行结果完全符合过程嵌套调用的执行顺序。

6.6.2　过程的递归调用

如果过程在执行的过程中调用自己,这种调用就称为过程的递归调用。其中直接调用自己的称为直接递归调用,间接调用自己的称为间接递归调用。

直接递归调用形式如下：

```
Private Sub fun1()
...
  fun1()
```

```
...
End sub
```

间接递归调用形式如下：

```
Private Sub fun1()
...
   fun2()
...
End Sub

Private Sub fun2()
   ...
      fun1();
   ...
End Sub
```

这里主要向读者介绍直接递归调用。

递归程序在程序设计中经常遇见。主要原因是有许多数学函数是通过递归定义的，

比如阶层问题：$Fact(n) = n!$，可以定义为：$fac(n) = \begin{cases} 1 & n=1 \\ n * fac(n-1) & n>1 \end{cases}$

以 $n=4$ 为例，可编写下面的程序段。

```
Function fac(n As Integer) As Integer
   If n=1 Then
    fac=1
   Else
    fac=n * fac(n-1)
   End If
   End Function
Sub Command1_Click()
    Print "fac(4)="; fac(4)
End Sub
```

程序的运行结果为：

```
fac(4)=24
```

在此要实现当前层调用下一层时的参数传递，并取得下一层所返回的结果，是向上一层调用返回当前层的结果（如图 6-16 所示）。至于各层调用中现场的保存与恢复，均由程序自动实现，不需要人工干预。

要实现递归运算应符合以下两个条件。

（1）可以把一个问题转化为一个新问题，而新问题的解决方法仍与原问题解法相同，只是处理的对象有所不同，但它们应是有规律可循的。如上面的阶乘问题，当 $n>1$ 时，$n!$ 问题可转化成 $(n-1)!$ 的问题，而 $(n-1)!$ 的问题又可转化为 $(n-2)!$ 的问题，它们之

间的转化规律为 $j!=j(j-1)!(1<j<n)$。这个过程称为递推。

（2）必须要有一个明确的结束条件（如当 $n=1$ 时 $n!=1$），在此称为递归终止条件，否则递归将无休止地进行下去。当 $n=1$ 时得到递归终止条件：$1!=1$，则按照递推公式就可以求得 $2!$，依此类推，直到求得 $n!$ 的值，这个过程称为回归。

因此递归实际上就是递推与回归的结合。

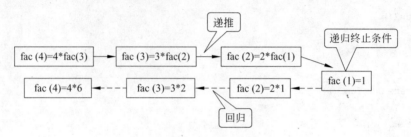

图 6-16 4! 的递归过程

由于递归过程结构清晰，程序易读，而且正确性容易得到验证。因此，利用允许递归的语言如 Pascal 、C(++)和 Java 等进行程序设计时，给用户编制程序和调试程序带来很大的方便。但同时，由于递归调用过程中要保存大量的实参、局部变量及程序控制的保存与恢复。因此，递归程序的运行既不提高效率，也不节省资源，如果能在程序中消除过程的递归调用，肯定可以提高程序的时空效率。当然在有些情况下，程序结构简单、可读性强比运行效率高更具有意义。

习　　题

习题 6.1　编写一个子过程 del(s1,s2)，将字符串 s1 中出现 s2 子字符串删去，结果还是存放在 s1 中。程序运行界面如图 6-17 所示。

例如：s1＝"123456789abc"，s2＝"abc"

结果：s1＝"123456789"

习题 6.2　编写一个函数，实现一个十进制整数转换成为 2～16 任意进制整数的功能。程序运行界面如图 6-18 所示。

图 6-17　程序运行界面

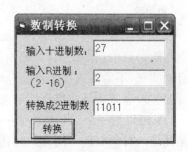

图 6-18　程序运行界面

习题 6.3　编写一个程序。一行文字"大家新年好"在窗体中左右移动。移动方式有两种：单击手动按钮，移动 50twip 单位；单击自动按钮，按时钟触发频率连续移动，并且显示的文字黑白闪烁；当超出窗体范围时，进行反弹。程序运行界面如图 6-19 所示。

图 6-19　程序运行界面

第 **7** 章 常用控件

VB 中的控件分为两类：一类是标准控件（或称内部控件）；另一类是 ActiveX 控件。启动 VB 后，出现在工具箱中的控件为标准控件。前面已经介绍几个控件。本章将再介绍部分标准控件和几个常用的 ActiveX 控件。

7.1 复选框和单选按钮

单选按钮（Option Button）由○和说明性文本组成。单选按钮必须成组出现，用户在一组按钮中必须并且最多只能选择一项。当某一项被选定后，○中出现出现一个黑点。

复选框（CheckBox）由□和说明性文本组成。列表框列出可供用户选择的选项，用户根据需要选其中的一项或多项。被选中项的变成☑。

7.1.1 重要属性

（1）Caption 属性

设置单选按钮或复选框边上的文本标题。

（2）Alignment 属性

0——控件在左边，标题在右边，默认设置。

1——控件在右边，标题在左边。

（3）Value 属性

单选按钮的值有两个。

True——单选按钮被选中。

False——单选按钮未被选中，默认设置。

复选框的属性值有 3 个。

0——Unchecked 复选框未被选中，默认设置。

1——Check 复选框被选中。

2——Grayed 复选框变灰色，禁止用户选择。

（4）Style 属性

指定控件的显示方式，用于改善视觉效果。

0——Standard 标准方式。

1——Graphical 图形方式，可以通过 Picture 属性添加图形，外观类似命令按钮。

7.1.2 事件

单选按钮和复选框都能接收 Click 事件。当用户单击单选按钮或复选框时，它们会自动改变状态。

【例 7-1】 通过单选按钮和复选框设置文本框的字体。界面如图 7-1 所示。

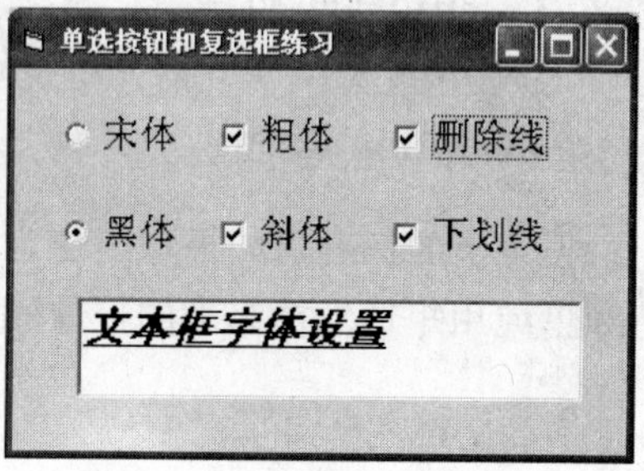

程序代码如下：

```
Private Sub Check1_Click()
    Text1.Font.Bold=Not Text1.Font.Bold
End Sub

Private Sub Check2_Click()
    Text1.Font.Italic=Not Text1.Font.Italic
End Sub

Private Sub Check3_Click()
    Text1.Font.StrikeThrough=Not Text1.Font.Strikethrough
End Sub

Private Sub Check4_Click()
    Text1.Font.Underline=Not Text1.Font.Underline
End Sub

Private Sub Option1_Click()
    Text1.Font.Name="宋体"
End Sub

Private Sub Option2_Click()
    Text1.Font.Name="黑体"
End Sub
```

图 7-1　单选按钮和复选框

7.2　框　　架

单选按钮的一个特点是当选定其中一项时其余会自动关闭。当需要在同一个窗体中建立几组相互独立的单选按钮时，就需要用框架(Frame)将每一组单选按钮框起来，这样在一个框架内的单选按钮为一组，对它们的操作不会影响框架以外的单选按钮。另外，对于其他类型的控件用框架框起来,可提供视觉上的区分和总体的激活或屏蔽特性。创建框架及其内部的单选按钮时必须先建立框架,然后在其中建立各种控件。需要注意的是,在其中建立各种控件时不能通过双击工具箱中的控件来建立,必须先单击工具箱中控件图标,鼠标指针变成"十"后在框架中拖动至适当大小。如果想把已建立在窗体中的控件分组,应使用"剪切"和"粘贴"命令实现。

7.2.1 重要属性

1. Caption 属性

框架上的标题。如果该属性为空字符,则框架为封闭的矩形框,但是框架中的控件仍然和单纯用矩形框框起来的控件不同。

2. Enabled 属性

框架内的所有控件将随框架一起移动、显示、消失和屏蔽。当框架的 Enabled 属性设为 False 时,程序运行时该框架在窗体中的标题为灰色,表示框架内所有控件均被屏蔽,用户无法对其进行操作。

3. Visible 属性

若框架的 Visible 属性为 False,则在程序执行期间,框架及其所有的控件被隐藏起来。

7.2.2 事件

框架可以响应 Click 和 DbClick 事件,但是在应用程序中一般不需要编写有关框架的事件过程。

【例 7-2】 框架用法示例。

在图 7-2 所示的窗体中建立了两组单选按钮,单击"确定"按钮后文本框中显示所选内容。各控件属性见表 7-1。

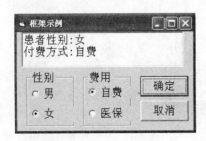

图 7-2 程序运行界面

表 7-1 控件属性

控件名(Name)	标题
Option1	男
Option2	女
Option3	自费
Option4	医保
Command1	确定
Command2	取消

程序代码如下：

```
Private Sub Command1_Click()
    Dim sex$, fee$
    Picture1.Cls
    sex= IIF(Option1.Value, "男", "女")
    fee= IIF(Option3.Value, "自费", "医保")
    Picture1.Print "患者性别："+ sex          '利用图形框显示单选按钮的文本
    Picture1.Print "付费方式：" + fee
    End Sub
    Private Sub Command2_Click()
    End
End Sub

Private Sub Form_Load()
    Option1.Value=True
    Option3.Value=True
End Sub
```

说明： 利用语句 Option1. Value = True 和 Option3. Value = True 使程序加载时 Option1 和 Option3 被选中。利用两个 IIF 函数获取性别和费用的值。图像框输出选择结果。

7.3   列表框和组合框

列表框(ListBox)通过显示多个选项供用户选择,达到与用户对话的目的。如果有较多的选项而不能一次全部显示时,VB 会自动加上滚动条。列表框最主要的特点是用户只能从其中选择而不能直接修改选项内容。

组合框(ComboBox)是组合了文本框和列表框的特性而形成的一种控件。组合框在列表框中列出可供用户选择的选项,当用户选定某项后,该项内容自动装入文本框。组合框有 3 种组合风格,即下拉式组合框、简单组合框和下拉式列表框,由其 Style 属性值决定,它们的 Style 属性值分别为 0、1、2。

当列表框中没有所需选项时,除了下拉式列表框(Style 属性为 2)之外都允许在文本框中输入内容,但输入的内容不能自动添加到列表框中,需要编写程序实现。

列表框和组合框如图 7-3 所示。

7.3.1   列表框和组合框共有的重要属性

1. List 属性

该属性是一个字符型数组,存放列表框或组合框的选项内容。数组的下标是从 0 开

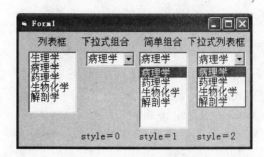

图 7-3　列表框和组合框

始的,即第一个项目的下标是 0。例如上例中 List1.List(0)的值是"生理学",List1.List(2)的值是"药理学"。List 属性可以在设计状态设置,也可以在程序中设置或引用。

2. ListIndex 属性

该属性是整型,表示程序运行时被选定的选项的序号。例如,如果选定"中药学",则该属性值为 3。如果没有选任何选项则该属性值为 -1。该属性只能在程序中设置或引用。

3. ListCount 属性

该属性值类型为整型,表示列表框或组合框中项目的数量。ListCount-1 表示最后一项的序号。该属性只能在程序中设置或引用。

4. Sorted 属性

该属性值类型为逻辑型,决定在程序运行期间列表框或组合框的选项是否按字母顺序排列显示。如果 Sorted 值为 True,则项目按字母顺序排列显示,如果为 False,则选项按加入的先后顺序排列显示。该属性只能在程序中设置或引用。

5. Text 属性

该属型值类型为字符型,表示被选定的选项的文本内容。如上例中,"生理学"被选定,因此 List1.Text 的值为"生理学"。Text 属性为默认属性,只能在程序中设置或引用。

7.3.2　列表框特有的重要属性

1. MultiSelect 属性

0——None:默认值,禁止多项选择,表示在一个列表框中只能选择一项。

1——Simple:简单多项选择。鼠标单击或按空格键表示选定或取消选定一个选项。

2——Extended:扩展多现选择。按住 Ctrl 键,同时单击或按空格键表示选定或取消选定一个选择项;按住 Shift 键同时单击,或者按住 Shift 键并移动光标键,就可以从前一个选定的项扩展选择到当前选择项,即选定多个连续项。

2. Selected 属性

该属性是一个逻辑型数组,其元素对应列表框中相应的项,表示对应的项在程序运行期间是否被选中。例如,List1. Selected(0)＝True 表示第一项被选中,否则表示未被选中。该属性只能在程序中设置或引用。

7.3.3　组合框特有的重要属性

Style 属性决定组合框的类型和行为,它的值为 0、1 或 2。

Style 属性值为 0 时,组合框为下拉式组合框,屏幕显示文本编辑框和一个下三角按钮。执行时,文本编辑框可以接收用户键盘输入,也可以单击下三角按钮,打开列表框供用户选择,选择的内容显示在文本框中。

Style 属性值为 1 时,组合框为简单组合框,屏幕显示文本编辑框和列表框,列表框列出所有选项供用户选择。执行时,文本编辑框可以接收用户键盘输入,也可以显示用户选择的列表框中的选项的内容。

Style 属性值为 2 时,组合框为下拉式列表框,屏幕显示文本框和一个下三角按钮。执行时,文本框不接收用户键盘输入,当用户单击下三角按钮,打开列表框供用户选择,选择的内容显示在文本框中。

7.3.4　方法

列表框和组合框中的选项可以简单地在设计状态通过 List 属性设置,也可以在程序中用 AddItem 放法来添加,用 RemoveItem 或 Clear 方法删除。

（1）AddItem 方法

AddItem 方法把一个选项加入列表框或组合框。形式如下:

对象. AddItem Item [,Index]

对象:可以是列表框或组合框。

Item:字符串表达式,即是要加入的选项。

Index:指定新添加的选项在列表框或组合框中的位置,如果省略,则添加在最后一项。若要添加在第一项,则 Index 为 0。

（2）RemoveItem 方法

RemoveItem 方法把列表框或组合框中的某一项删除。形式如下:

对象. RemoveItem Index

对象:可以是列表框或组合框。

Index:被删除项目在列表框或组合框中的位置,对于第一项,Index 为 0。

(3) Clear 方法

Clear 方法可以清除列表框或组合框的所有内容。其形式如下：

对象.Clear

7.3.5　事件

列表框能够响应 Click 和 DblClick 事件。所有类型的组合框都能响应 Click 事件，但是只有简单组合框（Style 属性为 1）才能接受 DblClick 事件。一般情况下不需要编写 Click 事件过程，因为通常是在用户按下命令按钮或发生 DblClick 事件时才需要读取 Text 属性。

【例 7-3】　编写一个医生处方应用程序。允许用户添加新的药物或剂量并添加到组合框中。运行界面如图 7-4 所示。

程序代码如下：

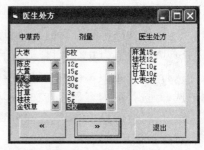

图 7-4　例 7-3 运行界面

```
Private Sub Combo1_LostFocus()          '检测欲添加的项目是否已存在
    Dim Flag As Boolean, I As Integer
    Flag=False
    For i=0 To Combo1.ListCount - 1      'Combo1.ListCount-1表示列表框最后项目的下标
    IF Combo1.List(i)=Combo1.Text Then
    Flag=True                           '如果找到相同的,就改变状态变量的值
    Exit For
    End IF
    Next i
    IF Flag=False Then Combo1.AddItem Combo1.Text
End Sub


Private Sub Command1_Click()
    List1.AddItem Combo1.Text & Combo2.Text
End Sub


Private Sub Command2_Click()
    List1.RemoveItem List1.ListIndex
End Sub


Private Sub Command3_Click()
    End
End Sub
Private Sub Form_Load()
    Combo1.AddItem "麻黄"
```

```
Combo1.AddItem "桂枝"
Combo1.AddItem "杏仁"
Combo1.AddItem "甘草"
Combo1.AddItem "金银花"
Combo1.AddItem "大黄"
Combo1.AddItem "茯苓"
Combo1.AddItem "金钱草"
Combo1.AddItem "陈皮"
Combo1.AddItem "大枣"
Combo1.Text=Combo1.List(0)          '程序运行时 Combo1 默认显示列表框的第一项内容
Combo2.Text=Combo2.List(0)
Command1.Picture=LoadPicture("explorer12.ICO")
Command2.Picture=LoadPicture("explorer11.ICO")
End Sub
```

说明：命令按钮上的图标设置方法是，首先将命令按钮的 Style 设置为 1，这样就可以通过设置其 Picture 属性来加载图片。Picture 属性可以在设计状态加载，也可以在程序中通过语句实现：

```
Command1.Picture=LoadPicture("explorer12.ICO")
```

7.4　时钟控件

时钟控件(Timer)可以实现有规律地以一定的时间间隔激发计时器事件(Timer)而执行相应的程序代码。

7.4.1　重要属性

时钟控件有一个非常重要的属性 Interval，该属性决定每隔多少时间激发计时器事件，单位是毫秒(ms)，取值介于 0～64767 之间。当 Interval 属性值为 0 时，表示屏蔽计时器。

7.4.2　事件

时钟控件只有一个事件，即 Timer 事件。

【例 7-4】　设计一个如图 7-5、图 7-6 所示的定时交替显示手术前后的图片对比程序(时钟控件的 Interval=1000)，用标签说明图片。

程序代码如下：

```
Dim i As Boolean
Private Sub Form_Load()
  Timer1.Enabled=True
  Timer1.Interval=1000
```

```
      Picture1.AutoSize=True          '使图像框自动随加载图像的大小而自动改变大小
    End Sub

    Private Sub Timer1_Timer()
      IFI= True Then                   '利用控制变量 I 来决定加载哪个图片
        Picture1.Picture = LoadPicture("手术前.jpg")
        Label1="手术前"
      Else
        Picture1.Picture=LoadPicture("手术后.jpg")
        Label1="手术后"
      End IF
      I=Not I                          '利用控制变量的状态改变使图片交替
    End Sub
```

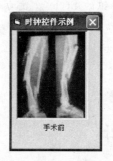

图 7-5　手术前的图片

图 7-6　手术后的图片

7.5　滚　动　条

　　滚动条(ScrollBar)控件通常用来附在窗体上协助观察数据或确定位置,也可以作为数据输入的工具。

　　滚动条有水平和垂直两种,如图 7-7 所示。

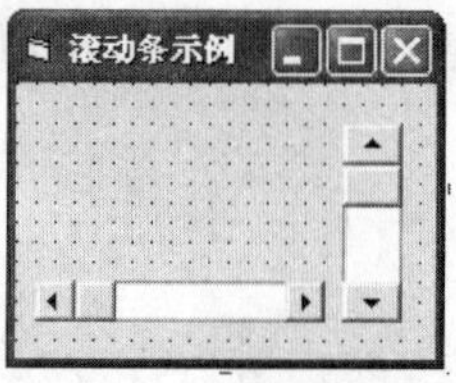

7.5.1　重要属性

　　(1) Max 属性。该属性表示当滑块处于最大位置时所代表的值($-32767\sim32767$)。

图 7-7　滚动条示例

　　(2) Min 属性。该属性表示当滑块处于最小位置时所代表的值($-32767\sim32767$)。

　　(3) SmallChange 属性。该属性表示用户单击滚动条两端箭头时,滑块移动的增量值。

　　(4) LargeChange 属性。该属性表示用户单击滚动条的空白处滑块移动的增量值。

　　(5) Value 属性。该属性表示滑块所处位置所代表的值。

7.5.2 事件

滚动条有两个重要的事件是 Scroll 和 Chang。用户拖动滑块时触发 Scoll 事件,而当 Value 值改变时会触发 Chang 事件。

【例 7-5】 利用垂直滚动条和水平滚动条控制图像显示大小。通过标签观察显示结果(设置滚动条的 Min 属性为 1,Max 属性为 7,SmallChange 属性为 1,LargeChange 属性为 2),如图 7-8 所示。

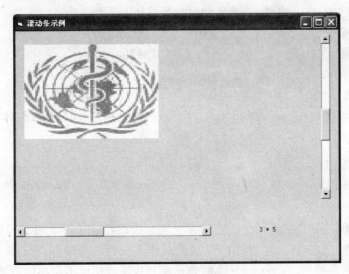

图 7-8   程序运行界面

程序代码如下:

```
Dim Width1, Height1              '声明为窗体级变量
Private Sub
Form_Load()
   Width1= Image1.Width          '保留图像框的初始宽度和高度
   Height1= Image1.Height
   Label1.Caption="显示尺寸"
   End Sub
   Private Sub HScroll1_Change()
   Image1.Width=HScroll1.Value * Width1
   Label1.Caption=HScroll1.Value & " * " & VScroll1.Value
End Sub

Private Sub VScroll1_Change()
   Image1.Height=VScroll1.Value * Height1
   Label1.Caption=HScroll1.Value & " * " & VScroll1.Value
End Sub
```

说明：因为变量 Width1、Height1 在各个功能模块中均需引用，因此要定义为窗体级变量。由于程序中不断改变窗体的高度和宽度，因此在程序加载时利用这两个变量来保留图像框的初始宽度和高度。

7.6　鼠标器事件

所谓鼠标器事件是由用户操作鼠标而引发的能被 VB 中的各种对象识别的事件，除了 Click 事件和 DblClick 事件外，重要的鼠标事件还有下列 3 个。

（1）MouseDown 事件：按下任意一个鼠标键时触发。

（2）MouseUp 事件：释放任意一个鼠标键时触发。

（3）MouseMove 事件：在移动鼠标时触发。

设计时需要特别注意这些事件被什么对象识别，当鼠标指针位于某个控件上时，触发控件的鼠标事件，当鼠标指针位于窗体上没有控件的空白区域时，触发窗体的鼠标事件。

窗体的鼠标事件如下：

```
Sub Form_MouseDown (Button As Integer,Shift As Integer,X As Integer,Y As Integer)
Sub Form_MouseUp (Button As Integer,Shift As Integer,X As Integer,Y As Integer)
Sub Form_MouseMove (Button As Integer,Shift As Integer,X As Integer,Y As Integer)
```

Button 参数指示用户按下或释放了哪个鼠标按钮，在 Button 的二进制位中，b0＝1 表示用户按下或释放鼠标的左键；b1＝1 表示操作了鼠标的右键；b2＝1 表示表示用户操作了鼠标的中键。例如，当 Button＝2 时表示用户按下或释放了鼠标的右键。

用户也可以使用下面的 VB 符号常数来检测鼠标的状态。例如，Button＝2 可以改写为 Button＝VBRightButton。

1＝VBLeftButton：用户单击鼠标左键触发了鼠标事件；

2＝VBRightButton：用户单击鼠标右键触发了鼠标事件；

4＝VBMiddleButton：用户单击鼠标中键触发了鼠标事件。

Shift 参数指示用户按下 Shift 键、Ctrl 键和 Alt 键的情况。Shift 参数的值为 $b_0 + b_1 + b_2$ 的值。在 Shift 的二进制中，$b_0 = 1$ 表示 Shift 键被按下；$b_1 = 1$ 表示 Ctrl 键被按下；$b_2 = 1$ 表示 Alt 键被按下。

表 7-2　Shift 参数值

Shift	b_2	b_1	b_0
二进制	1	1	1
十进制	$4(2^2)$	$2(2^1)$	$1(2^0)$
指示键	Alt	Ctlr	Shift

Shift＝$1(2^0)$，代表 Shift 键被按下；

Shift＝$2(2^1)$，代表 Ctrl 键被按下；

Shift＝$3(2^0 + 2^1)$，代表 Shift 键和 Ctrl 键被同时按下；

Shift＝4(2^2)，代表 Alt 键被按下；

Shift＝5(2^0+2^2)，代表 Shift 键、Ctrl 键被按下；

Shift＝6(2^1+2^2)，代表 Ctrl 键、Alt 键被按下；

Shift＝7($2^0+2^1+2^2$)，代表 Shift 键、Ctrl 键和 Alt 键同时被按下。

如果检测某键是否被按下，例如检测 Ctrl 键是否被按下，可以使用 Shift And 2 表达式。用户也可以使用 VB 符号常数及其逻辑组合来检测这些辅助键。例如，表达式 Shift And 2 可以改写成 Shift and VBCtrlmAsk，cbool（Shift and VBCtrlmAsk）and Cbool（Shift and VBShiftmAsk）可以检测是否同时按下了 Ctrl 键、Shift 键。

1——VBShiftmAsk：Shift 键被按下；

2——VBCtrlmAsk：Ctrl 键被按下；

3——VBAltmAsk：Alt 键被按下。

X，Y 这两个值对应于当前的鼠标位置，采用的坐标系是 ScaleMode 属性指定的坐标系。

【例 7-6】 显示鼠标器指针的位置。运行界面如图 7-9 所示。

程序代码如下：

```
Private Sub Form_MouseMove(Button As Integer, Shift As Integer, X As Single, Y As Single)
    Text1=X
    Text2=Y
End Sub
```

图 7-9　Mouse Moves 示例

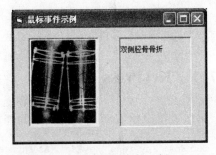

图 7-10　鼠标事件示例

【例 7-7】 编写一个读片程序，单击时，标记出病变部位，右击时弹出输入对话框，给出诊断后显示在右侧图形框中。运行界面如图 7-10 所示。

程序代码如下：

```
Private Sub Command1_Click()
    Picture1.AutoSize=True
    Picture1.Picture=LoadPicture("手术后.jpg")
End Sub

Private Sub Command2_Click()
```

```
          End
    End Sub

    Private Sub Picture1_MouseDown(Button As Integer, Shift As Integer, X As Single, Y As
    Single)
      IF Button=1 Then
        Picture1.Circle (X, Y), 200, QBColor(4)        '单击左键画出受伤部位
    End IF
      IF Button=2 Then
        I= InputBox("输入标记", "请标记")              '右单击弹出输入框允许医生给出诊断
        Picture2.Print I                                '图像框中输出诊断结果
      End IF
    End Sub
```

说明：为了使图形框的大小适应加载的图形（像），将其 AutoSize 属性设置为 True。应用 LoadPicture() 函数时，如果图片与运行程序在同一个文件夹下，可以采用相对路径，如本例，否则需要书写绝对路径。两种情况下图片的扩展名不能省略。

7.7 键　　盘

VB 中重要的键盘事件有下列 3 种。
（1）KeyPress 事件：用户按下并且释放一个会产生 ASCII 码的键时被触发。
（2）KeyUp 事件：用户释放键盘上任意一个键时被触发。
（3）KeyDown 事件：用户按下键盘上任意一个键时被触发。

7.7.1 KeyPress 事件

可以产生 ASCII 码的键被按下并释放可以触发 KeyPress 事件。事件过程如下：

```
Sub Form_KeyPress (KeyAscii As Integer)
Sub Object_ KeyPress([Index As Integer,] KeyAscii As Integer)
```

参数 KeyAscii 为与按下的键对应的 ASCII 码值。例如用户按下的字符为 A，ASCII 值为 65，如果为 a，则 ASCII 值为 97。

7.7.2 KeyUp 和 KeyDown 事件

当控制焦点在某个对象上时，用户按下键盘上任一键便会引发该对象的 KeyDown 事件，释放按键触发 KeyUp 事件。事件过程如下：

```
Sub Form_KeyDown (KeyCode As Integer,Shift As Integer)
Sub Object_KeyDown(KeyCode As Integer, Shift As Integer)
```

```
Sub Form_KeyUp(KeyCode As Integer, Shift As Integer)
Sub Object_KeyUp(KeyCode As Integer, Shift As Integer)
```

KeyCode：返回的是用户所按物理键代码；大小写字母用同一个按键，其 KeyCode 值为大写字母的 ASCII 码；单键双字符键中，返回的是其下档字符的 ASCII 码。另外，大键盘上的数字键与小键盘上的数字键不同。

Shift：参见鼠标事件的 Shift 参数含义。

在默认情况下，当用户对当前具有焦点的控件进行键盘操作时，控件的 KeyPress、KeyDown 和 KeyUp 事件被触发，但窗体的 KeyPress、KeyDown 和 KeyUp 事件不会发生。如果要使窗体优先启用 3 个事件，则必须将窗体的 KeyPreview 属性设为 True，默认值为 False。

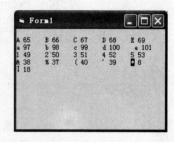

图 7-11　输出键盘的 KeyCode 码

【例 7-8】　编写一个程序，当按下键盘上的某个键时，输出该键的 KeyCode 码，如图 7-11 所示。

程序代码如下：

```
Private Sub Form_KeyDown(KeyCode As Integer, Shift As Integer)
    Static i                             '控制每行输出的数个数相同
    IF (i Mod 5)=0 Then Print
    Form1.Print Chr(KeyCode); KeyCode; Spc(3);   '输出字符、该键的 KeyCode 码
    i=i+1
End Sub
```

说明：因为每按下一个键就会触发一次 Form_KeyDown 事件，因此控制变量 i 必须声明为静态变量。

7.8　拖　　放

拖放就是用鼠标将一个对象从一个地方拖动到另一个地方再放下的动作。通常把原来位置的对象叫做源对象，而拖动后放下的位置的对象叫做目标对象。

1. 属性

(1) DragMode 决定拖动操作的初始化是人工方式还是自动方式。

0——默认值，启动手工拖动模式（见图 7-12），用户在对象上按下左键不放并拖动时源对象不会随鼠标移动。如果要拖动，则必须在 MouseDown 事件中用 Drag 方法启动拖操作。

1——启动自动拖动模式（见图 7-13），对象不再接收 Click 和 DblClick 事件，当用户在对象上按下左键不放拖动时，源对象就会随鼠标移动。

(2) DragIcon 决定在拖动过程中对象的显示图标。属性值为一个图标文件名（Ico

或 Cur 文件）。如果为空，则对象在拖动过程中显示为灰色控件边框，否则显示为图标文件。

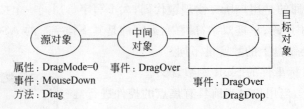

图 7-12　手动拖放

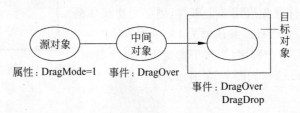

图 7-13　自动拖放

2. 方法

Drag 方法控制拖动作的开始，结束或取消。形式如下：

[对象名 .]Drag 参数

控件可以是任何可以被拖动的控件；参数为 0、1、2 三个整数，分别表示取消、开始和结束拖放操作。如果省略，则默认为 1，即表示开始拖动。

3. 事件

主要有 DragOver 事件和 DragDrop 事件，两个事件都发生在目标对象上，当拖动源对象到某个对象上时触发 DragOver 事件；当把源对象投放到目标对象上时，即释放鼠标，或程序中用 Drag 方法停止拖动时，引发目标控件的 DragDrop 事件。此时必须在 DragDrop 事件中编写 Move 方法实现移动，否则不会移动到新的位置。

7.9　OLE 拖放

OLE 拖放可以将数据从一个控件或应用程序中移动到另一个控件或程序中。要实现控件的 OLE 拖放，必须先设置控件的 OLEDragMode 和 OLEDropMode 属性。

OLEDragMode 属性决定控件是自动还是手动实现"拖"操作。

0——Mannual：默认，手动实现"拖"操作。

———— Visual Basic 程序设计应用教程(第二版)

1——Automatic：自动实现"拖"操作。

OLEDropMode 属性决定控件是自动还是手动实现"放"操作。

0——None ：默认,目标控件不接受 OLE"放"操作。

1——Mannual：默认,手动实现"放"操作。

2——Automatic：自动实现"放"操作。

不同的控件支持 OLE 的程度不同,见表 7-3。

表 7-3　各控件支持 OLE 拖放程度

控　件	OLEDragMode		OLEDropMode			说　明
	0	1	0	1	2	
文本框/图片框	√	√	√	√	√	支持自动"拖"、"放"
组合框/列表框	√	√	√	√	×	支持自动"拖" 需要编程实现"放"
标签/命令按钮	无		√	√	×	不支持"拖" 需要编程实现"放"

注：√表示可以设置该属性值,×表示不可以设置该属性值,无表示无此属性。

【例 7-9】　窗体中有一个文本框,将文本框的 OLEDragMode 属性设为 1 (Automatic),OLEDropMode 属性设为 2(Automatic),就能够实现 OLE 自动拖放。程序运行界面如图 7-14 所示。窗体中有两个列表框,要实现 List1 到 List2 的 OLE 拖放,首先将 List1. OLEDragMode 设为 1(Automatic),List2. OLEDropMode 设为 1(Manual),编写实现"放"操作。

程序代码如下:

```
Private Sub List2_OLEDragDrop(Data As DataObject, Effect As Long, Button As Integer,
Shift As Integer, X As Single, Y As Single)
    List2.AddItem Data.GetData(VBCFText)
End Sub
```

图 7-14　OLE 数据拖放示例图

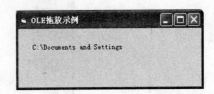

图 7-15　OLE 程序拖放示例

【例 7-10】　从 Windows 资源管理器选择一个文件,然后把文件的文件名拖动到如图 7-15 所示的标签上。标签的 OLEDropMode 属性值为 1。

程序如下:

```
Private Sub Label1_OLEDragDrop(Data As DataObject, Effect As Long, Button As Integer,
```

```
Shift As Integer, X As Single, Y As Single)
    Label1.Caption=Data.Files(1)
End Sub
```

习　　题

习题 7.1　使用单选按钮与复选框制作简单的文本编辑器,通过在不同的框架中对于文本框中字体的"字体"、"大小"以及"效果"的选择,最后单击命令按钮完成对文本框字体的设置。程序运行界面如图 7-16 所示。

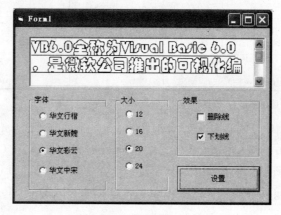

图 7-16　程序运行界面

习题 7.2　使用列表框实现对菜单点菜的功能。在窗体加载时在列表框 1 中添加菜单名,若用户在列表框 1 中双击某菜单名,且选择了已经选过的项目,则弹出信息框予以提示,否则将该项目加载到列表框 2 中。程序运行界面如图 7-17 所示。

图 7-17　程序运行界面

习题 7.3　使用列表框的多项选择功能实现用户的选择。程序通过在列表框中同时选中多个项目(按住 Shift 键选择连续项目或按住 Ctrl 键选择不连续项目),然后以单击命令按钮的方式完成用户的选择。程序运行界面如图 7-18 所示。

Visual Basic 程序设计应用教程(第二版)

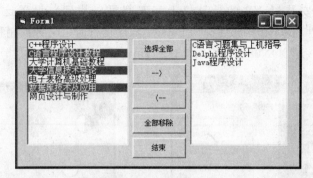

图 7-18　程序运行界面

提示：由于对于已经选择好的项目允许退回，所以 Command1_Click( )事件与 Command4_Click( )事件、Command2_Click( )事件与 Command3_Click( )事件基本上是对称的。

习题 7.4　在习题 7.1 的基础上通过对组合框的使用，为文本编辑器添加颜色效果。在用户界面的框架中添加一个组合框，组合框内的内容为"红、橙、黄、绿、青、蓝、紫"7 种颜色名称，程序运行时可根据用户的选择为文本框中的文字设置相应的颜色。该程序运行界面如图 7-19 所示。

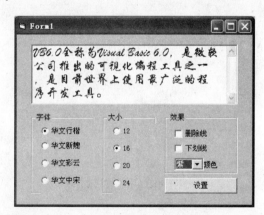

图 7-19　程序运行界面

习题 7.5　通过使用滚动条获取图 7-20 所示图形框的颜色代码。随着滚动条滑快的被拖动，习题图形框的颜色代码以及组成该颜色的 R、G、B 三原色的数值将随时显示在对应的习题图形框中，在这里将习题图形框作为文字输出工具的目的是为了保证程序运行时显示的数值不被更改。该程序运行界面如图 7-20 所示。

习题 7.6　使用时钟控件编一个程序模拟月缺到月圆的效果。该程序用户界面设计如图 7-21 所示。

用户界面设计如下：

在窗体上放置一个时钟控件、8 个习题图片框(Image1)数组控件和另一个习题图片框(Image2)控件，设置时钟控件的 Interval 属性为 1000；分别设置 8 个习题图片框(Image1)数组控件的 Picture 属性为习题图标文件 MOON01.ico～MOON08.ico(这 8 个习题图标文件在安装过 VB 的计算机上一般都可以找到）；设置这 8 个习题图片框（Image1）数组控件的 Visible 属性都为 False。程序运行时由时钟控制程序将习题图标文件 MOON01.ico～MOON08.ico 依次替代到 Image2 中。

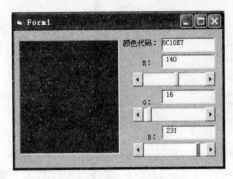

图 7-20　程序运行界面

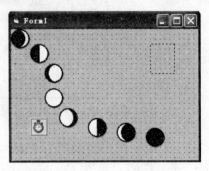

图 7-21　程序运行界面

———————— Visual Basic 程序设计应用教程(第二版)

第 8 章 用户界面设计

对用户而言,界面就是应用程序,它们感觉不到幕后正在执行的代码。所以设计一个应用程序时,用户界面是一个应用程序最重要的部分,对用户来说,它是应用程序最直接的体现。不论花多少时间和精力来编制和优化代码,应用程序的可用性仍然依赖于界面。应用程序人性化的最好体现就是友好的用户界面。

程序设计前需要做出有关界面的若干决定,主要包括以下几个方面。

(1) 应该使用单文档还是多文档样式。

(2) 需要多少不同的窗体。

(3) 菜单中将包含什么命令。

(4) 要不要使用工具栏重复菜单的功能。

(5) 提供什么对话框与用户交互。

(6) 需要提供多少帮助。

还需要考虑用户对应用程序的使用能力。如果用户是针对初学者的应用程序,界面的设计要求简单明了;而针对有经验的用户,界面的设计可以复杂一些。用户界面的设计最好反复进行,因为很难在第一遍就能提出一个完美的设计。在开始设计用户界面之前,需要考虑应用程序的目的。经常使用的主要应用程序,其设计应该与只是偶尔使用的不同。用来显示信息的应用程序与用来收集信息的应用程序的需求不同。

本章将介绍在 Visual Basic 中设计用户界面的过程,同时介绍在为用户创建重要应用程序时需要的一些工具。

8.1 菜 单 设 计

菜单界面是现在绝大多数应用程序的用户界面,许多简单的应用程序只由一个窗体和几个控件组成,但是通过增加菜单可以增强 Visual Basic 应用程序的功能。本节将介绍如何在应用程序中创建菜单和使用菜单。

菜单的组成元素有菜单栏、菜单名、菜单项、子菜单名、快捷键、热键和子菜单标记,如图 8-1 所示。

8.1.1 用菜单编辑器创建菜单

用菜单编辑器可以创建新的菜单和菜单栏、在已有的菜单上增加新命令、用自己的命令来替换已有的菜单命令以及修改和删除已有的菜单和菜单栏。

要显示菜单编辑器,可以单击"工具"→"菜单编辑器"命令;或者在"工具栏"中单击"菜单编辑器"按钮。即可打开菜单编辑器,如图8-2所示。

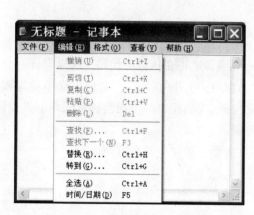

图 8-1

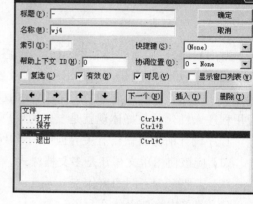

图 8-2 "菜单编辑器"对话框

尽管大多数菜单控件属性可用菜单编辑器设置,所有的菜单属性在"属性"窗口中也都是可用的。菜单控件的两个最重要的属性:一是名称,这是代码中用来引用菜单控件的名字;二是标题,这是出现在控件上的文本。

菜单编辑器中还有其他属性,包括索引、复选和协调位置等。

1. 菜单编辑器中的菜单控件列表框

菜单控件列表框(位于菜单编辑器的下部)列出当前窗体的所有菜单控件。当在标题文本框中输入一个菜单项时,该项也会出现在菜单控件列表框中。从列表框中选取一个已存在的菜单控件可以编辑该控件的属性。

例如,图8-2表明典型应用程序中"文件"菜单的各种菜单控件。菜单控件在菜单控件列表框中的位置决定了该控件是菜单标题、菜单项、子菜单标题还是子菜单项。

(1)位于列表框中左侧平齐的菜单控件作为菜单标题显示在菜单栏中。

(2)列表框中被缩进过的菜单控件,当单击其前导的菜单标题时才会在该菜单上显示。

(3)一个缩进过的菜单控件,如果后面还紧跟着再次缩进的一些菜单控件,它就成为一个子菜单的标题。在子菜单标题以下缩进的各个菜单控件,就成为该子菜单的菜单项。

一个以连字符(-)作为其标题属性的菜单控件,作为一个分隔符条出现。分隔符条可把菜单项划分成若干个逻辑组。

注意：如果菜单控件是一个菜单标题、带有子菜单项、被复选或无效、或者有一个快捷键，它就不能作为分隔符条。

要在菜单编辑器中创建菜单控件，请按照以下步骤执行。

（1）选取该窗体

（2）单击"工具"→"菜单编辑器"命令；或者在"工具栏"中单击"菜单编辑器"按钮。

（3）在"标题"文本框中，为第一个菜单标题输入希望在菜单栏中显示的文本。如果希望某一字符成为该菜单项的访问键（热键），也可以在该字符前面加上一个"&"字符。在菜单中，这一字符会自动加上一条下划线。菜单标题文本显示在菜单控件列表框中。

（4）在"名称"文本框中，输入将用来在代码中引用该菜单控件的名字。请参阅本章后面的"菜单标题与命名准则"。

（5）单击向左或向右箭头按钮，可以改变该控件的缩进级。

（6）如果有需要，还可以设置控件的其他属性。这一工作可以在菜单编辑器中完成，也可以在"属性"窗口中完成。

（7）单击"下一个"按钮可以再建一个菜单控件。或者单击"插入"按钮可以在现有的控件之间增加一个菜单控件。也可以单击向上与向下的箭头按钮，在现有菜单控件之中移动控件。

（8）如果窗体所有的菜单控件都已创建，单击"确定"按钮可关闭菜单编辑器。创建的菜单标题将显示在窗体上。在设计时，单击一个菜单标题可下拉其相应的菜单项。

2. 分隔菜单项

分隔符条作为菜单项间的一个水平行显示在菜单上。在菜单项很多的菜单上，可以使用分隔符条将各项划分成一些逻辑组。例如 Visual Basic 的"帮助"菜单，使用分隔符条将其菜单项分成三组，如图 8-3 所示。

要在菜单编辑器中创建分隔符条，请按照以下步骤执行。

（1）如果想在一现有菜单中增加一个分隔符条，则单击"插入"按钮，在想要分隔开来的菜单项之间插入一个菜单控件。

（2）如有必要，单击右箭头按钮使新菜单项缩进到与它要隔开的菜单项同级。

（3）在"标题"文本框中输入一个连字符(-)。

（4）设置"名称"属性。

（5）单击"确定"按钮，关闭菜单编辑器。

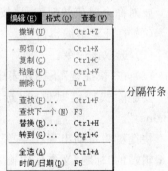

图 8-3　分隔符条

注意：虽然分隔符条是当作菜单控件来创建的，它们却不能响应 Click 事件，而且也不能被选取。

3. 赋值访问键和快捷键

通过定义访问键和快捷键可改进键盘对菜单命令的访问。

（1）访问键

访问键允许按下 Alt 键并输入一个指定字符来打开一个菜单。一旦菜单打开，通过按下所赋值的字符（访问键）可选取控件。例如，按下 Alt＋E 组合键可打开"编辑"菜单，再按 P 键可选取"粘贴"命令。在菜单控件的标题中，一个指定的访问键表现为一个带下划线的字母，如图 8-4 所示。

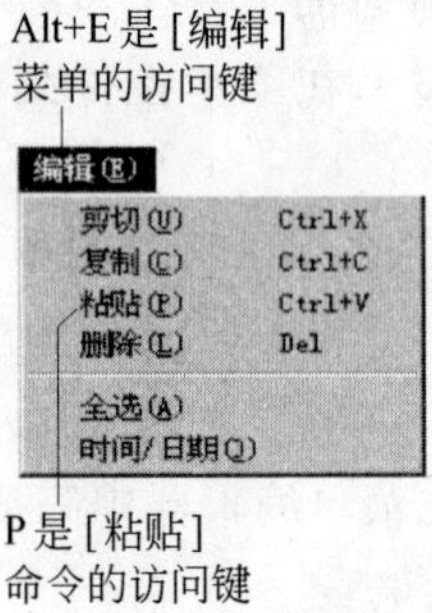

Alt+E 是 [编辑]
菜单的访问键

P 是 [粘贴]
命令的访问键

图 8-4　访问键

要在菜单编辑器中给菜单控件赋值访问键，请按照以下步骤执行。

① 选取要赋值访问键的命令。

② 在其"标题"框中，在要作为访问键字符的前面直接输入一个 & 字符。

例如，如果图 8-4 所示的"编辑"菜单被打开，下列标题属性设置值响应的对应键。

菜单中不能使用重复的访问键。如果多个菜单项使用同一个访问键，则该键将不起作用。例如，如果 C 同时是"剪切"和"复制"的访问键，那么，当选取"编辑"菜单且输入 C 时，则"复制"命令将被选，但只有按下 Enter 键以后，应用程序才会执行该命令，而"剪切"命令根本不会执行。

（2）快捷键

快捷键按下时会立刻运行一个命令。可以为频繁使用的命令指定一个快捷键，它提供一种键盘单步的访问方法，而不是按住 Alt 键、再按菜单标题访问字符，然后再按命令访问字符的三步方法。快捷键的赋值包括功能键与控制键的组合，如 Ctrl＋F1 组合键或 Ctrl＋A 组合键。它们出现在菜单中相应命令的右边，如图 8-4 所示。

要对命令赋值快捷键，请按照以下步骤执行。

（1）打开菜单编辑器。

（2）选取该命令。

（3）在"快捷键"下拉列表中选取功能键或者键的组合。

要删除快捷键赋值，应选取下拉列表顶部的"(none)"。

快捷键将自动出现在菜单上，因此不需要在菜单编辑器的"标题"文本框中输入Ctrl＋key。

【例 8-1】　编写一个简单的文本编辑程序，效果如图 8-5 所示。

在窗体上放置一个文本框（多行属性和滚动条）和一个通用对话框。

菜单结构如表 8-1 所示。

图 8-5　一个简单的文本编辑程序

表 8-1 菜单结构

标 题	名 称	快 捷 键	标 题	名 称	快 捷 键
文件	filemenu		…退出	fileexit	
…新建	filenew	Ctrl＋N	编辑	edit	
…打开	fileopen	Ctrl＋O	…复制	editcopy	Ctrl＋C
…保存	filesave	Ctrl＋S	…剪贴	editcut	Ctrl＋X
…另存为	filesaveas		…粘贴	editpaste	Ctrl＋V

程序代码如下：

```
Dim st As String
Private Sub EditCopy_Click()
  st=Text1.SelText                      '将选中的内容存放到 st 变量中
  EditCopy.Enabled=False                '进行复制后,"剪切"和"复制"按钮无效
  EditCut.Enabled=False
  EditPaste.Enabled=True                '"粘贴"按钮有效
End Sub


Private Sub EditCut_Click()
  st=Text1.SelText                      '将选中的内容存放到 st 变量中
  Text1.SelText=""                      '清除选中的内容,实现了剪切
  EditCopy.Enabled=False
  EditCut.Enabled=False
  EditPaste.Enabled=True
End Sub


Private Sub EditPaste_Click()
  Text1.SelText=st                      '将选中的内容存放到 st 变量中
  End Sub
  Private Sub FileExit_Click()
  End
End Sub


Private Sub FileOpen_Click()
  On Error GoTo nofile                  '设置错误陷阱
  CommonDialog1.InitDir="C:\Windows"
  '设置属性(可以在设计中完成)
  CommonDialog1.Filter="文本文件|*.Txt"
  CommonDialog1.CancelError=True
  CommonDialog1.ShowOpen                '或用 Action=1 显示文件"打开"对话框
  Text1.Text=""                         '清除文本框的内容
  Open CommonDialog1.FileName For Input As #1    '打开文件进行读操作
  Do While Not EOF(1)
  Line Input #1, inputdata              '读一行数据到变量 inputdata
```

```
        Text1.Text=Text1.Text&inputdata & vbCrLf          'vbCrLf 为回车换行
        Loop
        Close #1                                           '关闭文件
        Exit Sub
        nofile:                                            '错误处理
        If Err.Number=32755 Then Exit Sub                  '单击"取消"按钮
End Sub


Private Sub Text1_MouseMove(Button As Integer, Shift As Integer, X As Single, Y As Single)
    If Text1.SelText<>"" Then
        EditCut.Enabled=True
'当拖动鼠标选中要操作的文本后,剪切、复制按钮有效
        EditCopy.Enabled=True
        EditPaste.Enabled=False
    Else
        EditCut.Enabled=False          '当拖动鼠标未选中文本,剪切、复制按钮无效
        EditCopy.Enabled=False
        EditPaste.Enabled=True
    End If
End Sub
```

8.1.2 动态菜单的设计

1. 创建菜单控件数组

菜单控件数组就是在同一菜单上共享相同名称和事件过程的菜单项目的集合。菜单控件数组使用于以下情形。

图8-6 动态菜单

在运行时要创建一个新命令,它必须是控件数组中的成员。如图 8-6 所示,这就要用一个菜单控件数组来存储新近打开的文件清单,从而可以简化代码,因为通用代码块可以被所有命令使用。

每个菜单控件数组元素都由唯一的索引值来标识,该值在菜单编辑器上"Index 属性框"中指定。当一个控件数组成员识别一个事件时,Visual Basic 将其 Index 属性值作为一个附加的参数传递给事件过程。事件过程必须包含核对 Index 属性值的代码,因而可以判断出正在使用的是哪一个控件。关于控件数组的详细信息,请参阅第 7 章"使用 Visual Basic 的标准控件"中的"使用控件数组"。要在菜单编辑器中创建菜单控件数组,请按照以下步骤执行。

（1）选取窗体。

（2）单击"工具"→"菜单编辑器"命令；或在"工具栏"中单击"菜单编辑器"按钮。

（3）在"标题"文本框中，输入想出现在菜单栏中的第一个菜单标题的文本。菜单标题文本显示在菜单控件列表框中。

（4）在"名称"文本框中，输入将在代码中用来引用菜单控件的名称。保持"索引"文本框是空的。

（5）在下一个缩进级，通过设定"标题"和"名称"来创建将成为数组中第一个元素的菜单项。

（6）将数组中第一个元素的"索引"设置为 0。

（7）在第一个的同一缩进级上创建第二个命令。

（8）将第二个元素的"名称"设置成与第一个元素相同，且把它的"索引"设置为 1。

（9）对于数组中的后续元素重复步骤（5）～（8）。

菜单控件数组的各元素在菜单控件列表框中必须是连续的，而且必须在同一缩进级上。创建菜单控件数组时，要把在菜单中出现的分隔符条也包括进去。

2. 运行时创建和修改菜单

设计时创建的菜单也能动态地响应运行时的条件。例如，如果命令的动作在某些点上成为不适当时，通过使其失效可防止对该命令的选取。如图 8-7 所示，在文本编辑应用程序中，如果没有选择任何文本，则"编辑"菜单中的"剪贴"和"复制"命令变暗，因而就不能被选。

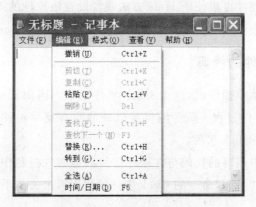

图 8-7　命令失效

如果有一个菜单控件数组，也可以动态地增加命令。这将在本章的"运行时添加菜单控件"中讲述。

也可以编写应用程序，使用复选标志来指示几个命令中的哪一个是最后选取的。如图 8-8 所示，文本编辑应用程序工具栏的"视图"菜单中的菜单项就会显示一个复选标志，"标尺"和"显示段落标记"命令有复选标记，说明已经被选取。本节描述的其他菜单控件功能包括使命令可见或不可见以及增加或删除命令操作的代码。

3. 运行时添加菜单控件

运行时菜单可以增长。例如,在图 8-9 中作为文本编辑应用程序中被打开的文件,会动态地创建命令来显示已经打开过的文件的路径名。运行时为了创建控件,必须使用控件数组。因为设计时对菜单控件的 Index 属性进行了赋值(假设当前菜单控件为 mnuRecentFile),它自动地成为控件数组的一个元素——即使还没有创建其他元素。

图 8-8　复选命令

图 8-9　动态创建命令

当创建 mnuRecentFile(0)时,实际上创建了一个在运行时不可见的分隔符条。当运行中用户第一次存储一个文件时,这个分隔符条就会变得可见,且第一个文件名被加到该菜单上。运行时每存储一个文件,就会再装入一个菜单控件到该数组中,从而使该菜单增长。

运行时所创建的控件可以使用 Hide 方法或者设置该控件的 Visible 属性为 False 来隐藏。如果要从内存中删除一个控件数组中的控件,请使用 Unload 语句。

4. 编写菜单控件的代码

当用户选取一个菜单控件时,一个 Click 事件出现。因而需要在代码中为每个菜单控件编写一个 Click 事件过程。除分隔符条以外的所有菜单控件(包括无效的或不可见的菜单控件)都能识别 Click 事件。

在菜单事件过程中编写的代码与在控件任何其他事件过程中编写的代码完全相同。例如,"文件"菜单中的"关闭"命令的 Click 事件的代码看上去如下:

```
Sub mnuFileClose_Click()
Unload Me
End Sub
```

一旦菜单标题被选取,Visual Basic 将自动地显示出一个菜单。但是没有必要为一个菜单标题的 Click 事件过程编写代码,除非想执行其他操作,比如每次显示菜单时使某些命令无效。

注意:在设计时,当关闭菜单编辑器时,所创建的菜单将显示在窗体上。在窗体上选取一个菜单项将显示那个菜单控件的 Click 事件过程。

8.1.3 弹出式菜单

弹出式菜单是独立于菜单栏而显示在窗体上的浮动菜单。在弹出式菜单上显示的命令取决于按下鼠标右键时指针所处的位置，因而弹出式菜单也被称为上下文菜单。在Microsoft Windows 95 中，可以通过单击鼠标右键来激活上下文菜单。

在运行时，至少含有一个命令的任何菜单都可以作为弹出式菜单被显示。为了显示弹出式菜单，可使用 PopupMenu 方法。这个方法使用下列语法：

```
[Object.]PopupMenu menuname[,Flags[,x[,y[,boldcommand]]]]
```

例如，当用户用右击一个窗体时，以下代码显示一个名为 mnuFile 的菜单。可用MouseUp 或者 MouseDown 事件来检测何时单击了鼠标右键，虽然标准用法是使用MouseUp 事件。

【例 8-2】 在例 8-1 的基础上添加一个弹出式菜单，弹出式菜单中内容为编辑菜单中的命令项，如图 8-10 所示。

```
Private Sub Text1_MouseUp(Button As Integer, Shift As
Integer, X As Single, Y As Single)
    If Button=2 Then        '检查是否单击了鼠标右键
    PopupMenu EditMenu      '把"文件"菜单显示为一个弹出式菜单
    End If
End Sub
```

图 8-10　弹出式菜单

直到菜单中被选取一个命令或者取消这个菜单时，调用 PopupMenu 方法后面的代码才会运行。

注意：每次只能显示一个弹出式菜单。在已显示一个弹出式菜单的情况下，对后面的调用 PopupMenu 方法将不予理睬。在一个菜单控件正在活动的任何时刻，调用PopupMenu 方法均不会被理睬。

用户可能常常会想用一个弹出式菜单来访问那些在菜单栏中不常用的选项。为创建一个不显示在菜单栏里的菜单，可在设计时使顶级菜单项目为不可见（保证在菜单编辑器里的 Visible 复选框没有被选上）。当 Visual Basic 显示一个弹出式菜单时，指定的顶级菜单的 Visible 属性会被忽略。

在 PopupMenu 方法中使用 Flags 参数可以进一步定义弹出式菜单的位置与性能。下面列出了可用于描述弹出式菜单位置的标志。

vbPopupMenuLeftAlign：默认，指定的 x 位置定义了该弹出式菜单的左边界。

vbPopupMenuCenterAlign：弹出式菜单以指定的 x 位置为中心。

vbPopupMenuRightAlign：指定的 x 位置定义了该弹出式菜单的右边界。

下面列出了可用于描述弹出式菜单性能的标志。

vbPopupMenuLeftButton：默认，只有当用户单击命令时，才显示弹出式菜单。

vbPopupMenuRightButton：当用户右击或者单击命令时，才显示弹出式菜单。

想要指定一个标志,从每组中选取一个常数,再用 Or 操作符将它们连起来。下面的代码是,当用户单击一个命令按钮时,显示一个上边框在窗体中心的弹出式菜单。弹出式菜单触发受到鼠标右击或单击的命令的 Click 事件。

```
Private Sub Command1_Click()
    'X变量和Y变量的尺寸
    Dim xloc, yloc
    '设置X变量和Y变量到窗体中心
    xloc=ScaleWidth/2
    yloc=ScaleHeight/2
    '显示弹出式菜单
    PopupMenu mnuEdit, vbPopupMenuCenterAlign Or_
    vbPopupMenuRightButton, xloc, yloc
End Sub
```

Boldcommand 参数来指定在显示的弹出式菜单中想以粗体字体出现的菜单控件的名称。在弹出式菜单中只能有一个菜单控件被加粗。

8.2　通用对话框对象

通用对话框对象允许在程序中显示 5 种标准对话框。每个通用对话框都可以使用与该对话框相对应的通用对话框对象的方法来显示,而这些通用对话框对象的方法可以由一个通用对话框对象提供(正如前面已经提及的那样,方法是对象完成动作或服务的一条命令)。通过设置通用对话框的相关属性,可以控制通用对话框的内容。当用户在程序中填完通用对话框时,填充结果在通用对话框的一个或多个属性中返回,然后程序中就可以使用这些结果来完成有意义的工作了。

通用对话框对象提供的 5 个通用对话框以及程序中指定对话框的方法如表 8-2 所示。

表 8-2　5 个通用对话框及指定对话框的方法

对话框	目　　的	方　　法
Open	得到现存文件的驱动器、文件夹名称以及文件名	ShowOpen
Save As	得到新文件的驱动器、文件夹名称以及文件名	ShowSave
Print	让用户设置打印机选项	ShowPrinter
Font	让用户选择新的字体和风格	ShowFont
Color	让用户从调色板选择颜色	ShowColor

8.2.1　把通用对话框控件添加到工具箱上

如果工具箱中还没有 CommonDialog 控件,那么通过单击 Project(工程)菜单中的 Component(部件)命令,把该控件添加到工具箱中。

Visual Basic 程序设计应用教程(第二版)

添加的步骤为：

（1）在"工程"菜单中单击"部件"命令。

（2）单击"控件"选项卡，并选中 Microsoft Common Dialog Control 6.0 复选框，如图 8-11 所示。

（3）单击"确定"按钮。CommonDialog 控件出现在工具箱中，如图 8-12 所示。

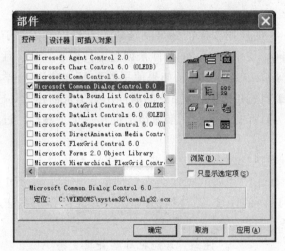
图 8-11 "部件"对话框

图 8-12 添加 CommonDialog 控件

8.2.2 添加通用对话框对象

（1）单击工具箱中的 CommonDialog 控件。

（2）在窗体的左下角绘制通用对话框对象。

当绘制完该对象后，它自动调整本身的大小。现在通用对话框对象就可以在程序中使用了，如图 8-13 所示。

图 8-13 通用对话框对象

8.2.3 管理通用对话框的事件过程

为了在程序中显示通用对话框，需要在事件过程中使用合适的对象方法来调用通用对话框对象。必要时，还必须在程序代码调用通用对话框对象之前设置通用对话框的一个或多个属性。当用户在通用对话框中选择之后，在事件过程中使用代码来处理用户的选择。

8.3 工具栏和状态栏

8.3.1 工具栏

工具栏已经成为许多基于 Windows 的应用程序的标准功能。工具栏提供了对于应用程序中最常用的菜单命令的快速访问。使用 ToolBar 控件来创建工具栏非常容易且很方便,它在 Visual Basic 的专业版与企业版中是可用的。如果使用的是 Visual Basic 学习版,则可以像本章后面的"协调菜单与工具栏的外观"所描述的那样用手工来创建工具栏。

下面例子为 MDI 应用程序创建工具栏的过程,在标准窗体上创建一个工具栏的过程基本上一样。

要手工创建工具栏,请按照以下步骤执行。

(1) 在 MDI 窗体上放置一个图片框。图片框的宽度会自动伸展,直到填满 MDI 窗体工作空间。工作空间就是窗体边框以内的区域,不包括标题栏、菜单栏或所有的工具栏、状态栏或者可能在窗体上的滚动条。

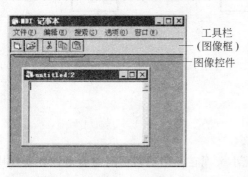

图 8-14 含有 Image 控件的工具栏

注意: 只能把那些直接支持 Align 属性的控件放置在 MDI 窗体上(图片框是支持这一属性的唯一的标准控件)。

(2) 在图片框中,可以放置任何想在工具栏上显示的控件。例如,用 CommandButton 或 Image 控件来创建工具栏按钮。图 8-14 所示为一个含有 Image 控件的工具栏。要在图片框中添加控件,单击工具栏中的控件按钮,然后在图片框中画出它。

注意: 当 MDI 窗体中包含了图片框时,该 MDI 窗体的内部区域不包括图片框在内。例如,MDI 窗体的 ScaleHeigh 属性返回 MDI 窗体的内部高度,这个高度已不包括图片框的高度。

(3) 设置设计时属性。使用工具栏的一个好处是可以显示一个形象的命令图示。Image 控件是作为工具栏按钮的一个很好的选择,因为可以用它来显示一个位图。在设计时设置其 Picture 属性来显示一个位图。这样,当该按钮被单击时,即能提供一个命令执行的可见信息。也可以通过设置按钮的 ToolTipText 属性来使用工具提示,这样,当用户把鼠标指针保持在一个按钮上时,就可以显示出该工具栏按钮的名称。

(4) 编写代码。因为工具栏频繁地用于提供对其他命令的快捷访问,因而在大部分时间内都是从每一个按钮的 Click 事件中调用其他过程,比如对应的菜单命令。

提示: 可用一个不显示工具栏的 MDI 窗体来使用在运行时不可见的控件(比如 Timer 控件)。为了做到这一点,在 MDI 窗体上放置一个图片框,把控件放到图片框中,然后把图片框的 Visible 属性设置为 False。

工具栏用于提供访问某些应用程序命令的快捷方法。例如,图 8-14 中工具栏中的第一个按钮就是"新建"命令的快捷键。现在,可以在 MDINotePad 示例应用程序中 3 个地方请求创建新文件:①在 MDI 窗体上(MDI 窗体上"文件"菜单中的"新建"命令);②在子窗体上(在子窗体"文件"菜单中的"新建"命令);③在工具栏上("新建"按钮)。

与其把这个代码重复三次,还不如从子窗体的 mnuFileNew_Click 事件取出原代码,然后把它放入子窗体的一个公用过程中。可以从上面任何一个事件过程调用这个过程。以下是该示例的部分程序代码:

```
'这个例程在公共过程中
Public Sub FileNew()
    Dim frmNewPad As New frmNotePad
    frmNewPad.Show
End Sub

'在子窗体的"文件"菜单上选取"新建"
Private Sub mnuchildFileNew_Click()
    FileNew
End Sub

'在 MDI 窗体的"文件"菜单上选取"新建"
Private Sub mnumdiFileNew_Click()
    frmNotePad.FileNew
End Sub

'在工具栏中单击"新建"按钮
Private Sub btnFileNew_Click()
    frmNotePad.FileNew
End Sub
```

8.3.2　状态栏

状态栏(Status Bar)是一个沿 Windows 应用程序界面底部的一组矩形框(或称为窗格)。典型的例子就是 Microsoft Word 中的状态栏,它显示了当前页号和节号、光标的位置、几个两态开关的状态、一个自动校正特性和其他几个有用的项目。状态栏示例如图 8-15 所示。

图 8-15　状态栏

可以用 Status Bar ActiveX 控件把状态栏添加到 Visual Basic 应用程序中,该控件是 Windows Common Control(mscomctl. ocx)的一个组成部分,如图 8-16 所示。当放置一个状态栏对象在窗体上时,它迅速移动到窗体的底部。然后可以使用属性窗口配置该对象的一般特征。通过右击状态栏对象、单击"属性"命令并在"属性页"对话框的"窗格"选项卡中设置所需选项,可以在状态栏中增加或删除其中的窗格。在一个状态栏中最多可以包含 16 段窗格信息。

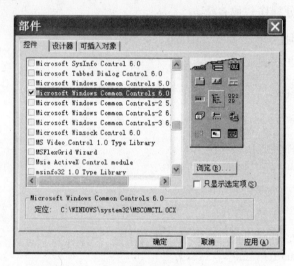

图 8-16　添加部件

8.3.3　查看状态栏属性页

属性页是一组设置值,如图 8-17 所示。它们共同工作,配置控件某个方面的特性。在 VisualBasic 中,可以用属性页来定制几种 ActiveX 控件。请遵循下面的步骤,学习如何用属性页创建状态栏上的窗格。

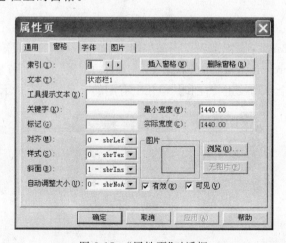

图 8-17　"属性页"对话框

（1）右击窗体上的状态栏。

（2）单击弹出式菜单上的"属性"命令。系统显示状态框对象的"属性页"对话框。

（3）单击"窗格"标签。

"窗格"选项卡包含了状态栏中每个窗格的数个设置值。要添加新窗格到状态栏，可单击"插入窗格"按钮。要删除窗格，可单击"删除窗格"按钮。作为一个整体，在状态栏中创建的窗格称为窗格组。可以用窗格组和特定窗格的索引来分别引用各个窗格。例如，要在状态栏的第一个窗格中放入文件名 myfile.txt，可以使用下面的程序代码：

```
StatusBar1.Panels(1).Text="myfile.txt"
```

同样，可以把保存在另一个对象中的值赋值给状态栏。例如，下面这个程序代码将存储在通用对话框对象 FileTitle 属性中的文件名（无路径）放入到状态栏的第一个窗格中：

```
StatusBar1.Panels(1).Text=CommonDialog1.FileTitle
```

（4）单击"窗格"选项卡中的 Alignment（对齐）下拉列表框。

在该列表框中可看到一系列文本对齐选项，包括左对齐、居中对齐和右对齐。该设置控制正在配置窗格中文本的显示方式。

（5）单击"窗格"选项卡中的"样式"下拉列表框。

在这个下拉列表框中会看到一系列的格式化选项，它们控制了状态栏窗格显示什么类型的信息。SbrText 列表项（默认值）表示将通过窗格的 Text 属性手工输入窗格的内容，输入过程既可以通过"窗格"选项卡的 Text（文本）文本框实现，也可以用程序代码通过给 Text 属性赋值来实现（参看上面的第（3）个步骤）。其余的样式选项采用自动设置方式。当选择了一个样式选项后，Visual Basic 在显示状态栏时自动显示所选项当前的状态值。各样式选项的意义如表 8-3 所示。

表　8-3

样　　式	显 示 下 述 信 息
SbrText	Text 属性中用户定义的文本
SbrCaps	Caps Lock 键的状态
SbrNum	Num Lock 键的状态
SbrIns	Insert 键的状态
SbrScrl	Scroll Lock 键的状态
SbrTime	来自系统时钟的当前时间
SbrDate	来自系统时钟的当前日期
SbrKana	Kana Lock 键的状态（仅适用于日文版的操作系统）

（6）单击"窗格"选项卡中"索引"上的右箭头两次，前进到状态栏中的第三个窗格（Time）。已经配置了这个窗格，让它在状态栏上显示当前的时间（请注意 Style（样式）设置为 sbrTime 值）。

（7）再次单击"索引"上的右箭头，前进到状态栏中的第四个窗格（Date）上。该窗格使用 sbrDate 设置值来在状态栏上显示当前的日期。可以手工在每个窗格的属性页中设置另外两项选项：ToolTip Text（工具提示文本），该选项的作用是，当用户将鼠标放置在相应窗格上时，系统将显示该文本框的内容；Minimum Width，以 Twip 为单位指定窗格的初始宽度。最小设置值让用户在设计模式下对齐窗体上的窗格，不过程序运行时，如果用户放大了窗体，窗格也会随之扩大。当然也可以选中 AutoSize（自动调整大小）下拉列表框中的 sbrContents 选项，这样，窗格就会根据要显示内容的多少自动调整窗格的大小。

8.3.4　查看状态栏程序代码

与其他众多的 ActiveX 控件不同，状态栏通常不需要编写许多支持代码。用户要完成的工作一般是通过对 Text 属性赋值，从而在状态栏上显示一两条信息。下面了解一下这些工作在例 8-1 的程序中是怎样完成的，如何让程序的状态栏显示当前的文件名、字体、时间和日期。

（1）打开 mnuSaveAsItem_Click 事件过程。该事件过程用"另存为"对话框或 Rich Textbox 对象的 SaveFile 方法将当前文档以 RTF 文件保存到磁盘上。为了在状态栏对象的第一个窗格中显示新的文件名，在 SaveFile 方法下面添加了这样的代码：

```
StatusBar1.Panels(1).Text=CommonDialog1.FileTitle
```

该语句将 FileTitle 属性中的名字（一个不含路径的文件名）复制到状态栏第一个窗格的 Text 属性中。要引用另外的不同窗格，只需要简单地修改上述语句中的数值索引即可。

（2）打开 RichTextBox1_SelChange 事件过程。当 Rich Textbox 对象中当前的选择改变，或者当用户移动了插入点时，RichTextBox1_SelChange 事件过程都要执行。由于状态栏中第二个窗格需要显示当前所选文本用到的字体，所以在这个事件过程中增加了一个 If…Then…Else 分支结构，用来检查是否是新的字体名称，是时将其复制到第二个窗格中：

```
Private Sub RichTextBox1_SelChange()
    '当所选文本为一个字体时,在状态栏显示相应的
    '字体名称(所选文本为多种字体时,下面的属性将返回 Null 值)
    If IsNull(RichTextBox1.SelFontName) Then
    StatusBar1.Panels(2).Text=""
    Else
    StatusBar1.Panels(2).Text=RichTextBox1.SelFontName
    End If
End Sub
```

程序中显示时间和日期信息的状态窗格是自动工作的。运行它们时，用户不需要添加任何程序代码。

习　题

使用菜单及通用对话框制作文本编辑器。程序运行时,可以按照菜单命令打开磁盘上的文本文件,并选中文字的格式,最后重新保存文件。程序运行界面如图 8-18 所示。

用户界面设计如下:

在窗体上放置两个 ActiveX 控件:CommonDialog 和 RichTextBox,并设置 RichTextBox 的 Text 属性为空。按图 8-18 左边的表格建立菜单系统。

菜单系统

菜单标题	菜单名
文件(&F)	mnfile
…新建	mnnew
…打开	mnopen
…保存	mnsave
…-	mnline
退出…	mnexit
格式	mnformat
…字体	mnfont
…颜色	mncolor

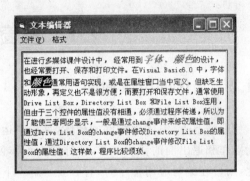

图 8-18　程序运行界面

第 *9* 章 多窗体和多文档界面

9.1 多窗体界面

9.1.1 窗体的生命周期

一般情况下,窗体是控件的载体,是程序运行的主要场所,一些程序运行所必需的初始化操作和退出前的善后工作,往往要在窗体创建以及退出时被激活的事件过程中进行。因此,用户在编写应用程序时,有必要了解一下窗体从创建到卸载的整个过程。

通常 VB 窗体在应用程序中有 4 种状态:创建状态、加载状态、可见状态、卸载状态。

9.1.2 窗体的创建

窗体创建状态开始的标志是 Initialize 事件,窗体创建时最先执行的代码应放在 Form_Initialize 事件过程中。

处于这种状态时,窗体作为一个对象而存在,但还没有窗口,而且它的控件也不存在。此时只有窗体的代码部分在内存中,而窗体的可视部分还没有调入。其实任何窗体都要给出创建状态,例如,如果执行 Form2. Show,则窗体被创建并开始执行 Form_Initialize,一旦 Form_Initialize 执行完毕,该窗体被加载,便开始下一状态。

9.1.3 窗体的加载

Load 事件标志着加载状态的开始。一旦窗体进入加载状态,Form_Load 事件过程中的代码便开始执行。

Form_Load 事件过程开始执行后,窗体上的所有控件都被创建和加载,而且该窗体有了一个窗口,是通过窗口句柄和设备描述体完成的。另外,很多窗体会自动从创建状态进入加载状态,窗体如果满足下列条件之一,便会被自动加载。

(1) 该窗体在"工程属性"对话框的"通用"选项卡中被指定为启动对象。

(2) 窗体中首先被调用的属性或方法是 Show 方法,如 Form1. Show。

（3）首先被调用的属性或方法是窗体内置的成员，例如调用了窗体的 Move 方法或者使用了窗体中某个控件属性。

（4）用 Load 语句加载窗体，如 Load Form1。

在上面列举的第一和第二种情况下，一旦 Form_Load 执行完毕，窗体就直接可见，而在后两种情况下，Form_Load 执行完毕后，窗体保持加载状态而不可见。

加载状态是窗体的一个根状态，在任何时候，只要隐藏了窗体，它就总是从可见状态回到加载状态，但是不重新执行 Form_Load 事件过程，因为在窗体存活期中 Form_Load 事件过程只运行一次。

9.1.4　窗体的显示

使用窗体的 Show 方法，可以使窗体进入可见状态，一旦窗体可见，用户就能和它交互，要使一个窗体可见就要调用 Show 方法。

格式：

窗体名.Show

例如：

Form1.Show

它与设置窗体的 Visible 属性为 True 具有相同的效果。

注意：任何窗体只有加载后才可见。

如果要隐藏一个窗体，应调用窗体的 Hide 方法，当一个窗体调用 Hide 方法后，该窗体就从屏幕上被删除，并且它的 Visible 属性被设置为 False。窗体返回加载状态。用户将无法访问隐藏窗体上的控件，但是对于运动中的 VB 应用程序，隐藏窗体的控件仍然是可用的。在程序中，要判断一个窗体是否处于可见状态，可以引用它的 Visible 属性，例如：

```
Private Sub Form_Load()
  If Form2.Visible Then
    Form2.Hide
  Else
    Form2.Show
  End If
End Sub
```

在显示窗体时，还可以在 Show 方法后面加上一个参数，以确定窗体是模态还是非模态。所谓模态窗体，就是指那些只能让用户在本窗体进行选择、输入，却不能切换到其他窗体中的窗体。而非模态窗体就可以允许用户随意在各个窗体之间切换。

显示非模态窗体的方法为：

```
Form1.Show()
```

显示模态窗体的方法为：

```
Form1.Show
```

或

```
Form1.Show vbModal
```

窗体在可见状态下有两个十分重要的事件是 Activate 和 Deactivate 事件。当一个窗体变成活动窗体时，就会产生一个 Activate 事件；当另一个窗体或应用程序被激活时，该窗体就会产生 Deactivate 事件。在初始化或结束窗体行为时这两个事件特别有用。

9.1.5　窗体的卸载

窗体在卸载时可以是隐藏的，也可以是可见的。若没隐藏，则它将保持可见直到卸载完毕，内存和资源完全收回。

窗体卸载前要发生 Unload 事件，在这之前还要发生 QueryUnload 事件。QueryUnload 提供了停止窗体卸载的机会，如果某些数据希望保存，则此时可提示保存或忽略所做的修改。QueryUnload 的语法是这样的：

```
Private Sub Form_QueryUnload(Cancel As Integer, UnloadMode As Integer)
```

在 QueryUnload 事件中，可以包含以下两个参数。

Cancel 是一个整数，若将此参数设为非零整数值，可在所有已装载的窗体中停止 QueryUnload 事件，并停止该窗体和应用程序的关闭。

Unloadmode 是一个值或一个常数（值可取 0、1、2、3 或 4），指出引起 QueryUnload 事件的原因。

QueryUnload 事件的典型用法是在关闭一个应用程序之前用来确保包含在该应用程序中的窗体中没有未完成的任务。例如，如果还未保存某一窗体中的新数据，则应用程序会提示保存该数据。当一个应用程序正要关闭时，可使用 QueryUnload 事件过程将 Cancel 属性设置为 True 来阻止关闭过程。

注意：QueryUnload 事件是在任意一个窗体卸载之前在所有窗体中发生，而 Unload 是在每个窗体卸载时发生。

另外，用户可以使用 QueryUnload 事件来判断窗体卸载的原因。

（1）Unloadmode＝0 或 vbFormcontrolMenu，用户从窗体上的控制菜单中选择"关闭"命令。

（2）Unloadmode＝1 或 vbFormcode，Unload 语句被代码调用。

（3）Unloadmode＝2 或 vbAppWindows，当前 Windows 操作环境会话结束。

（4）Unloadmode＝3 或 vbAppTaskManager，Windows 任务管理器正在关闭应用程序。

（5）Unloadmode＝4 或 vbFormMDIForm，MDI 子窗体正在关闭。

所以 QueryUnload 提供了取消关闭窗体的机会，同时也允许在需要时从代码中关闭窗体。

注意：在有些情况下，窗体不会接收到 QueryUnload 事件。比如使用了 End 语句结束程序，或者单击了工具栏中的"结束"按钮。

9.1.6　结束应用程序

当所有窗体都已关闭并且没有代码正在执行时，事件驱动的应用程序就停止运行，如果最后一个可见窗体关闭时仍有隐藏窗体存在，那么应用程序因为没有可见的窗体而表面上结束了，但实际上应用程序仍在继续运行，直至所有隐藏窗体都关闭为止。这是因为对已卸载窗体的属性或控件的任何访问，都将导致隐含地、不予显示地加载那个窗体。

当应用程序只有一个窗体时，可以使用下面的语句来结束应用程序：

```
Unload Me
```

其中，Me 为 VB 的一个关键词，用来指定当前的窗体。

如果应用程序有一个以上窗体，可使用 Forms 集合和 Unload 语句。Forms 是一个集合，它包含了每一个在应用程序中加载的窗体。Forms 集合只有一个属性：Count，它指定集合中元件的数目。例如，下面的程序就是使用 Forms 集合确保找到并关闭所有窗体。

另外，还可以使用 End 语句来强行结束应用程序而不顾现存窗体或对象的状态。End 语句使应用程序立即结束：在 End 语句之后的代码不会执行，也不好再有事件发生。特别是 VB 将不执行任何窗体的 QueryUnload、Unload 事件过程，而且对象的引用都将被释放。

9.1.7　多窗体应用实例

【例 9-1】　输入病人信息，并为病人开药方，输出病人及其药方信息。

本例共有 3 个窗体，Form1、Form2 和 Form3，分别为病人信息输入窗体、药方窗体和信息输出窗体。工程资源管理器窗口及各窗体界面如图 9-1 所示。

窗体标准模块代码如下：

```
Dim str1 As String, str2 As String
Dim num%
Dim drug() As String
```

挂号窗体代码如下：

```
Private Sub Command1_Click()                '挂号按钮代码
  Form1.Hide
  Form2.Show
  str1=Form1.Text1
  str2=Form1.Combo1.Text
  Form2.Label1.Caption=str1 & " :您好! 祝您早日康复!"
End Sub
End Sub
```

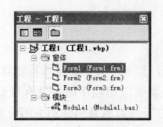

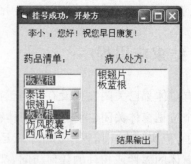

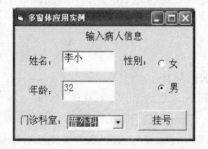

图 9-1　多窗体应用实例

开处方窗体代码如下：

```
Private Sub Combo1_DblClick()
    List1.AddItem Combo1.Text
End Sub


Private Sub Command1_Click()                '结果输出按钮代码
    Form2.Hide
    Form3.Show
    Form3.Label1.Caption=str1 & "" & str2 & vbCrLf &"处方清单:" & vbCrLf
    num=Form2.List1.ListCount-1
    ReDim drug(num+1)
    For i=0 To num
        drug(i)=Form2.List1.List(i)
    Next i
    For i=0 To num
        Form3.Label1.Caption=Form3.Label1.Caption & drug(i) & vbCrLf
    Next i
End Sub
```

结果输出窗体代码如下：

```
Private Sub Command1_Click()                '返回按钮代码
    Form1.Show
    Form3.Hide
```

```
End Sub

Private Sub Command2_Click()                    '结束按钮代码
  End
End Sub
```

9.2　多文档界面

多文档界面(multiple document interface,MDI)可简化文档之间的信息交换。MDI
应用程序允许用户同时显示多个文档,每个文档显示在它自己的窗口中。像 Microsoft
Word 和 Microsoft Excel 这样的应用程序,就是具有多文档界面的典型实例。由于 MDI
能同时浏览或比较多个文档,使数据交换更加方便。

MDI 允许用户同时打开多个文档,并通过单击在不同文档之间转换。每个文档显示
在自己的窗口之中,所有这些子窗口具有同样的功能,并被包含在一个主窗体(或称 MDI
窗体)中。MDI 窗体(父窗体)为该 MDI 应用程序中的所有子窗体提供工作空间。例如,
Microsoft Word 允许同时打开多个文档窗口,所有的窗口都在父窗口的区域之内。当最
小化 Word 父窗口时,所有的文档也被最小化,只有父窗口的图标显示在任务栏中。同
时,父窗口的菜单和工具栏适用于所有的子窗口,实际上,MDI 窗体的菜单条中不含活动
子窗体的菜单。

9.2.1　多文档界面的结构

MDI 应用程序至少应有两个窗体,父窗体和一个子窗体。每个窗体都有相应的属
性。父窗体只有一个,而其中包含的子窗体则可以有多个。

MDI 窗体相似于具有一个限制条件的普通窗体,其中一般不包含任何控件,除非控
件是有 Align 属性(如 PictureBox 控件)或者是有不可见界面(如 Timer 事件),否则不能
将控件直接放置在 MDI 窗体上。MDI 窗体在打开时就处于设计方式,工具栏上的图标
相应打开。

子窗体就是 MDIChild 属性设置为 True 的普通窗体。一个应用程序可以包含许多
相似或者不同样式的 MDI 窗体。在运行时,子窗体显示在 MDI 父窗体工作空间之内(其
区域在父窗体边框以内及标题与菜单栏之下)。当子窗体最小化时,它的图标显示在
MDI 窗体的工作空间之内,而不是在任务栏中。

要生成 MDI 应用程序,具体的操作步骤如下:

(1) 创建 MDI 窗体。单击"工程"→"添加 MDI 窗体命令",系统打开"添加 MDI 窗
体"对话框。

注意:一个应用程序只能有一个 MDI 窗体。如果向工程中添加了一个 MDI 窗体,
则"工程"菜单上的"添加 MDI 窗体"命令将呈灰色显示,表示不可用。

（2）选中"MDI 窗体"图标，单击"打开"按钮，将 MDI 窗体的 Caption 属性设为"MDI 窗体"。

（3）创建应用程序的子窗体。要创建一个 MDI 子窗体，先创建一个新窗体（或者打开一个已存在的窗体），将其 Caption 属性设为"子窗体"，并将窗体的 MDIChild 属性设置为 True，就使它变为一个子窗体。

VB 自动将子窗体和父窗体相联系。子窗体只能在父窗体中打开。按上述步骤生成的 MDI 程序还没有任何功能，如果这时运行程序，则 VB 会提示要指定程序的启动窗体。

（4）单击"工程"→"属性"命令，打开"工程属性"对话框，设置子窗体为启动窗体。如果此时设置 MDI 窗体为启动对象，则子窗体将不会显示，必须在程序中装入子窗体。

如果单击子窗体的"最大化"按钮，则两个窗体将重合，窗口的标题变成了父窗口的标题加上子窗口标题。还可以将子窗体移出父窗体，此时父窗体会自动加上相应的滚动条，并且子窗体的移出部分不予显示。

9.2.2 多文档界面的设计

9.1 节介绍了 MDI 应用程序的基本操作。这些功能是 VB 中自身包含的，可以通过属性的设置提供给应用程序。

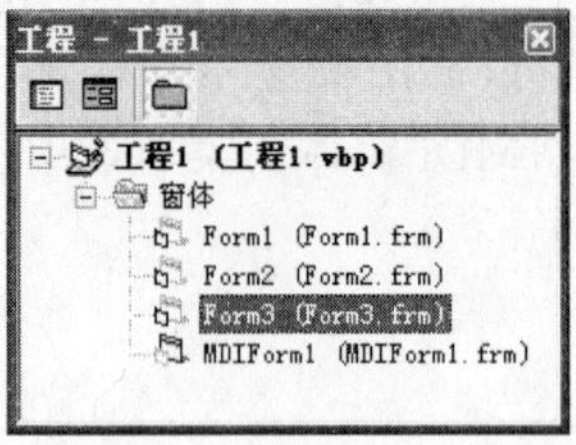

图 9-2　工程资源管理器中的图标标明 MDI 子窗体、标准窗体和 MDI 窗体

在设计时，子窗体不是限制在 MDI 窗体区域之内。可以添加控件、设置属性、编写代码以及设计子窗体功能，就像在其他 Visual Basic 窗体中所做的那样。

通过查看 MDIChild 属性或者检查工程资源管理器，可以确定窗体是否是一个 MDI 子窗体。如果该窗体的 MDIChild 属性设置为 True，则它是一个子窗体。Visual Basic 在工程资源管理器中为 MDI 窗体与 MDI 子窗体显示了特定的图标，如图 9-2 所示。

1. MDI 窗体运行时的特性

在运行时，MDI 窗体及其所有的子窗体都呈现特定的性质。

（1）所有子窗体均显示在 MDI 窗体的工作空间内。像其他的窗体一样，用户能移动子窗体和改变子窗体的大小，不过它们被限制于这一工作空间内。

（2）当最小化一个子窗体时，它的图标将显示于 MDI 窗体上而不是在任务栏中。当最小化 MDI 窗体时，此 MDI 窗体及其所有子窗体将由一个图标来代表。当还原 MDI 窗体时，MDI 窗体及其所有子窗体将按最小化之前的状态显示出来。

（3）当最大化一个子窗体时，它的标题会与 MDI 窗体的标题组合在一起并显示于 MDI 窗体的标题栏上。

（4）通过设定 AutoShowChildren 属性，子窗体可以在窗体加载时自动显示（True）或自动隐藏（False）。

（5）活动子窗体的菜单（若有）将显示在 MDI 窗体的菜单栏中，而不是显示在子窗体中。

2. 使用 MDI 窗体及其子窗体

当 MDI 应用程序在一次会话中要打开、保存和关闭几个子窗体时，应当能够引用活动窗体和保持关于子窗体的状态信息。这个主题描述了一些用来指定活动子窗体或者控件、加载和卸载 MDI 窗体及其子窗体以及保持子窗体的状态信息的编码技巧。

3. 指定活动子窗体或控件

有时要提供一条命令，它用于对当前活动子窗体上具有焦点的控件进行操作。例如，假设想从子窗体的文本框中把所选文本复制到剪贴板上。在 MDINotePad 示例应用程序中，"编辑"菜单中的"复制"命令的 Click 事件将会调用 EditCopyProc，它是把选定的文本复制到剪贴板上的过程。

由于应用程序可以有同一子窗体的许多实例，EditCopyProc 需要知道使用的是哪一个窗体。为了指定这一点，使用 MDI 窗体的 ActiveForm 属性，该属性可以返回具有焦点的或者最后被激活的子窗体。

注意：当访问 ActiveForm 属性时，至少应有一个 MDI 子窗体被加载或可见，否则会返回一个错误。

当一个窗体中有几个控件时，也需要指定哪个控件是活动的。像 ActiveForm 属性一样，ActiveControl 属性能返回活动子窗体上具有焦点的控件。

4. 加载 MDI 窗体及其子窗体

加载子窗体时，其父窗体（MDI 窗体）会自动加载并显示。而加载 MDI 窗体时，其子窗体并不会自动加载。在 MDINotePad 示例中，子窗体是默认的启动窗体，因而在程序运行时，子窗体和 MDI 窗体两者都会加载。如果在 MDINotePad 应用程序中改变启动窗体为 frmMDI（在"工程属性"对话框的"一般"选项卡中），然后运行应用程序，则只有 MDI 窗体被加载。当从"文件"菜单中选取"新建"命令时，才会加载第一个子窗体。

AutoShowChildren 属性可用来加载隐藏状态的 MDI 子窗口，使它们处于隐藏状态直至用 Show 方法把它们显示出来。这就允许在子窗体变成可见之前更新标题、位置和菜单等各种细节。

不能把 MDI 子窗体或者 MDI 窗体显示为模式窗体（用带 vbModal 参数的 Show 方法）。如果想在 MDI 应用程序中使用模式对话框，可使用 MDIChild 属性设置为 False 的窗体。

5. 设置子窗体的大小和位置

如果 MDI 子窗体具有大小可变的边框（即 BorderStyle＝2），在其装载时，MicrosoftWindows 将决定其初始的高度、宽度和位置。边框大小可变的子窗体，其初始大小与位置取决于 MDI 窗体的大小，而不是设计时子窗体的大小。当 MDI 子窗体的边框大小不可变（即 BorderStyle＝0，1 或 3）时，它将用设计时的 Height 和 Width 属性被载入。

如果设置 AutoShowChildren 为 False,则在 MDI 子窗体载入以后,把它设为可见状态之前,可以改变其位置。

维护子窗体的状态信息:在用户决定退出 MDI 应用程序时,必须有保存信息的机会。为了使其能够进行,应用程序必须随时都能确定自上次保存以来子窗体中的数据是否有改变。

通过在每个子窗体中声明一个公用变量来实现此功能。例如,可以在子窗体的声明部分声明一个变量:

```
Public flag As Boolean
```

Text1 中的文本每改变一次时,子窗体文本框的 Change 事件就会将 flag 设置为 True。可添加此代码以指示自上次保存以来 Text1 的内容已经改变。

```
Private Sub Text1_Change()
    flag=True
    End Sub
```

反之,用户每次保存子窗体的内容时,文本框的 Change 事件就将 flag 设置为 False,以指示 Text1 的内容不再需要保存。在下列代码中,假设有一个叫做"保存"(mnuFileSave)的菜单命令和一个用来保存文本框内容的名为 FileSave 的过程:

```
Sub FileSave_Click()
'保存 Text1 的内容
FileSave
'设置状态变量
flag=False
End Sub
```

【例 9-2】 多文档界面应用程序举例。

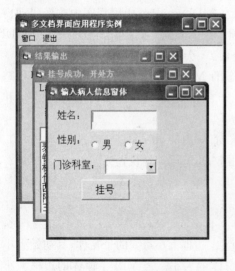

图 9-3 子窗体层叠排列

MDIForm 父窗体和 3 个子窗体 Form1、Form2 和 Form3。工程资源管理器如图 9-2 所示,多文档界面分别如图 9-3~图 9-5 所示。

程序代码如下:

```
Private Sub ceng_Click()
    MDIForm1.Arrange vbCascade
End Sub

Private Sub exit_Click()
    End
End Sub

Private Sub horizontal_Click()
    MDIForm1.Arrange vbTileHorizontal
```

Visual Basic 程序设计应用教程(第二版)

```
End Sub

Private Sub MDIForm_Load()
    Form3.Show
    Form2.Show
    Form1.Show
End Sub

Private Sub pai_Click()
    MDIForm1.Arrange 3
End Sub

Private Sub vertical_Click()
    MDIForm1.Arrange vbTileVertical
End Sub
```

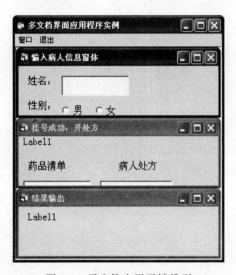

图 9-4　子窗体水平平铺排列

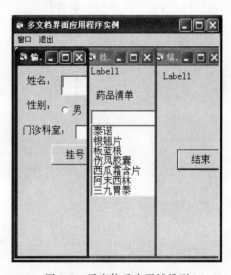

图 9-5　子窗体垂直平铺排列

习　　题

多重窗体及窗体之间数据传递的实现。程序功能是在窗体 1 单击"单击此地进入"命令按钮,即进入窗体 2,在窗体 2 中对计算机配置进行选择,选择完毕后,单击"确定"命令按钮返回窗体 1,在窗体 1 的列表框中显示该用户的选择清单。在窗体 1 单击"单击此地退出"命令按钮,结束程序的运行。该程序运行界面如图 9-6 及图 9-7 所示。

图 9-6　程序运行界面

图 9-7　程序运行界面

第 **10** 章 文 件

10.1 文 件 概 述

所谓"文件"是记录在外部介质上的数据集合。在程序设计中,文件是十分有用而且是不可缺少的,不使用文件将很难解决所遇到的实际问题。

10.1.1 文件结构

为了有效存储数据,数据必须以某种特定的方式存放,这种特定的方式称为文件的结构。VB 文件由记录组成,记录由字段组成,字段由字符组成。

1. 字符

字符是构成文件的基本单位。它可以是数字、字母、特殊字符。这里所说的字符一般为西文字符,一个西文字符用 1 字节存放。如果是汉字用 2 字节存放,一个汉字相当于两个西文字符。VB 6.0 支持双字节字符,当计算字符串长度时,一个西文字符和一个汉字都作为一个字符计算,但是所占用的内存控件是不一样的。如字符串"欢迎使用 VB"的长度是 6,而所占的字节数为 10。

2. 字段

字段由若干个字符组成,用来表示一项数据。如所选课程"程序设计"就是一个字段,由 4 个汉字组成。

3. 记录

记录由一组相关的字段组成。例如一个学生有学号、姓名、性别、专业、年级等信息。VB 中以单位为记录处理信息。

4. 文件

文件由记录构成。一个文件含有一个以上的记录。例如在学籍管理中有 1000 个学生信息,每个人的信息是一个记录,1000 个记录构成一个文件。

10.1.2　文件种类

VB 提供了 3 种文件的访问模式:顺序、随机、二进制。根据访问模式的不同可以将文件分为不同的类型:顺序文件、随机文件、二进制文件。

顺序访问模式的规则最简单,指读出或写入时,从第一条记录"顺序"地读到最后一条记录,不可以跳跃访问。该模式专门用于处理文本文件,每一行文本相当于一条记录,每条记录可长可短,记录与记录之间用"换行符"来分隔。

该模式要求文件中的每条记录的长度都是相同的,记录与记录之间不需要特殊的分隔符号。只要给出记录号,可以直接访问某一特定记录,其优点是存取速度快,更新容易。

该模式是最原始的文件类型,直接把二进制码存放在文件中,没有什么格式,以字节数来定位数据,允许程序按所需的任何方式组织和访问数据,也允许对文件中各字节数据进行存取和访问。

10.2　顺序文件

顺序文件的写入步骤是打开、写入、关闭;读出步骤是打开、读出、关闭。

1. 打开文件

打开文件的命令是 Open,格式为:

Open "文件名" For 模式 As [#] 文件号 [Len=记录长度]

说明:

(1) 文件名可以是字符串常量,也可以是字符串变量。

(2) 模式可以是以下之一。

Output:打开一个文件,将对该文件进行写操作。

Input:打开一个文件,将对该文件进行读操作。

Append:打开一个文件,将在该文件末尾追加记录。

(3) 文件号是一个介于 1～511 之间的整数,打开一个文件时需要指定一个文件号,这个文件号就代表该文件,直到文件关闭后这个号才可以被其他文件所使用。可以利用 FreeFile()函数获得下一个可以利用的文件号。

例如:

Open "f:\sy\file1.dat" For Output As #1

意思是:打开 f:\sy 下 file1.dat 文件供写入数据,文件号为♯1

2. 写操作

将数据写入磁盘文件所用的命令是 Write♯ 或 Print♯。语法格式有以下两种。

(1) Print ♯ 文件号,[输出列表]

【例 10-1】 编写程序,用 Print♯语句向文件 file1.dat 中写入数据,录入界面如图 10-1 所示。

程序代码如下:

```
Private Sub Command1_Click()
  Open"c:\file1.dat" For Output As #1
  studname=Text1.Text
  studsex=Text2.Text
  studage=Text3.Text
  Print #1, studname, studsex, studage
  Close #1
End Sub
```

图 10-1 录入界面

如果需要向文件中继续追加新的记录,则必须把操作方式由 Output 改为 Append, 原语句变为:

```
Open "c:\file1.dat" For Append As #1
```

Append 兼有建立文件的功能,因此,如果想要建立的是具有追加功能的文件写入形式,可以一开始便使用 Append。如果希望每次写入前将以前的内容全部擦除则用 Output 语句。

(2) Write ♯ 文件号,[输出列表]

其中的输出列表一般指用逗号,分隔的数值或字符串表达式。Write ♯ 与 Print ♯ 的功能基本相同,区别在于,第一,Write ♯ 以紧凑格式存放,在数据间插入逗号,并给字符串加上双引号,一旦后一项被写入就插入新的一行;第二,用 Write ♯ 语句写入的正数的前面没有空格。

读者可以把例 10-1 中的 Print 语句改为 Write 语句,与原例题进行比较。

3. 关闭文件

结束各种读写操作后,必须将文件关闭,否则会造成数据丢失。关闭文件的命令是 Close。格式为:

```
Close [#]文件号[,[#]文件号]…
```

例如:Close ♯1 是关闭 1 号文件。

4. 读操作

(1) Input ♯ 文件号,变量列表

作用:将从文件中读出的数据分别赋给指定的变量。

说明：为了能够正确读出，将数据写入时需要使用 Write ♯ 语句，不能使用 Print ♯语句，只有 Write ♯ 语句才可以准确地将各个数据项分开。

（2）Line Input ♯ 文件号，字符串变量

用于从文件中读出一个完整的行，并将读出的数据赋给指定的字符串变量，读出的数据中不包含回车符和换行符，可与 Print ♯ 配套用。

因此，在实际操作时 Line Input ♯ 非常有用，它可以读取顺序文件中一行的全部字符，直到遇到回车符为止。

（3）Input ＄（读取的字符数，♯ 文件号）

该函数可以读取指定数目的字符。如 mystr ＄ ＝ Input ＄（100，♯1），表示从文件号为 1 的文件中读取 100 个字符，并赋值给变量 mystr ＄。

Input ＄ 函数执行"二进制输入"。它把一个文件作为非格式的字符流来读取数据。它不把回车符或换行符看做一次输入操作的结束标志。

与读文件有关的两个函数如下。

LOF（）：返回某文件的字节数。

EOF（）：检查指针是否到达文件尾。

【例 10-2】　在将实验文件夹中的 file2.dat 文件用 3 种不同的方法读入文本框。运行界面如 10-2 图所示。

方法一：将内容一次性读入文本框，程序如下。

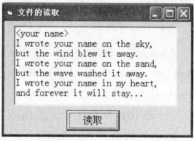

```
Private Sub Command1_Click()
Text1.Text=""
Open "f:\sy\file2.dat" For Input As #1
   Text1.Text=Input(LOF(1), 1)
Close #1
End Sub
```

图 10-2　文件的读入

该方法只能用来读取包含西文字符的文本文件。因为 LOF（）函数返回的是以字节为单位的文件大小，而 Input（）函数按字符读取数据。如"快乐 VB"，LOF（）函数的返回值为 6，而文件的实际内容只有 4 个字符，在程序运行时会产生"输入超出文件尾"的错误。

方法二：将内容一行一行读入文本框，程序如下。

```
Private Sub Command1_Click()
   Text1.Text=""
   Open "f:\sy\file2.dat" For Input As #1
   Do While Not EOF(1)
   Line Input #1, inputdata
   Text1.Text=Text1.Text+inputdata+vbCrLf
   Loop
   Close #1
End Sub
```

Visual Basic 程序设计应用教程（第二版）

方法三：把内容一个一个字符读入。程序如下。

```
Private Sub Command1_Click()
    Text1.Text=""
    Open "f:\sy\file2.dat" For Input As #1
        Do While Not EOF(1)
    Inputdata=Input(1, #1)
    Text1.Text=Text1.Text+Inputdata
    Loop
    Close #1
End Sub
```

方法二和方法三可以对中西文两种字符输入。

10.3 随 机 文 件

随机文件的记录是定长的，只有给出记录号 n，并通过[$(n-1) \times$记录长度]计算出该记录与文件首记录的相对地址。所以，在使用 Open 语句打开文件时必须指出记录长度。每个记录由若干字段组成，每个字段的长度为相应变量的长度。

1. 随机文件的打开与关闭

打开：

Open "文件名" For Random As [#] 文件号 [Len=记录长度]

关闭：

Close #文件号

注意：文件以随机方式打开后，可以同时进行写入和读出操作，但需要指明记录的长度，系统默认长度为 128 字节。

2. 随机文件的读与写

读操作：

Get [#]文件号，[记录号]，变量名

说明：Get 命令是从磁盘文件中将一条由记录号指定的记录内容读入记录变量；记录号是大于 1 的整数，表示对第几条记录进行操作，如果忽略不写，则表示当前记录的下一条记录。

写操作：

Put [#]文件号，[记录号]，变量名

说明：Put 命令是将一个记录变量的内容，写入所打开的磁盘文件指定的记录位置；

记录号是大于 1 的整数, 表示写入的是第几条记录, 如果忽略不写, 则表示在当前记录后插入一条记录。

【例 10-3】 建立一个医院各科室职工工资记录随机存取的文件, 然后读取文件中的记录, 并可以修改记录。各记录字段如表 10-1 所示。界面如图 10-3 所示。在左边输入工作人员信息后, 单击"添加记录"按钮会将该记录添加到文件中; 在记录号右边的文本框中输入记录号可以在左边显示出该记录信息; 如需修改记录, 则先输入记录号, 将该记录显示出来, 再在左边修改, 完成后单击"修改记录"按钮。

表 10-1　各字段属性设置

字　　段	长度/字节	类型
姓名(med_name)	10	字符串
科室(sec_office)	15	字符串
年龄(age)	2	整型
工资(salary)	4	单精度

图 10-3　运行界面

代码如下:

```
Type rcdtype
  med_name As String * 10
  sec_office As String * 15
  age As Integer
  salary As Single
End Type
Dim med_rcd As rcdtype
Dim rcd_no As Integer

Private Sub Command1_Click()
  With med_rcd
    .med_name=Text1.Text
    .sec_office=Text2.Text
    .age=Val(Text3.Text)
    .salary=Val(Text4.Text)
  End With
  Open "c:\file3.dat" For Random As #1 Len=Len(med_rcd)
  rcd_no=LOF(1)/Len(med_rcd)+1
  Put #1, rcd_no, med_rcd
  Close #1
  Text1.Text=""
  Text2.Text=""
  Text3.Text=""
  Text4.Text=""
End Sub
```

```
Private Sub Command2_Click()
    Open "c:\file3.dat" For Random As #1 Len=Len(med_rcd)
    rcd_no=Val(Text5.Text)
    Get #1, rcd_no, med_rcd
    Text1.Text=med_rcd.med_name
    Text2.Text=med_rcd.sec_office
    Text3.Text=med_rcd.age
    Text4.Text=med_rcd.salary
    Close #1
End Sub

Private Sub Command3_Click()
    Open "c:\file3.dat" For Random As #1 Len=Len(med_rcd)
    med_rcd.med_name=Text1.Text
    med_rcd.sec_office=Text2.Text
    med_rcd.age=Text3.Text
    med_rcd.salary=Text4.Text
    rcd_no=Text5.Text
    Put #1, rcd_no, med_rcd
    Close #1
    MsgBox "修改成功","提示框"
End Sub

Private Sub Command4_Click()
    End
End Sub

Private Sub Form_Load()
    Text1.Text=""
    Text2.Text=""
    Text3.Text=""
    Text4.Text=""
End Sub
```

说明：

（1）创建标准模块，在标准模块文件中根据本题要求创建 med_rcd 记录类型，其中姓名、科室、年龄、工资分别对应的字段名为 med_name、sec_office、age、salary。

```
Type rcdtype
med_name As String * 10
sec_office As String * 15
age As Integer
salary As Single
End Type
```

（2）在窗体的通用声明处定义该类型的变量，并定义一个变量存取记录号。

```
Dim med_rcd As rcdtype
Dim rcd_no As Integer
```

（3）打开随机文件的语句是：Open "f:\sy\file3.dat" For Random As ♯1 Len＝Len(med_rcd)，其中记录长度 Len(med_rcd)的值为 10＋15＋2＋4＝31 字节，注意等号左边的 Len 是 Open 语句中的子句，等号右边的 Len 是一个函数。

（4）将记录内容读入。语句 Get ♯1，rcd_no，med_rcd 为从 file3.dat 中将由记录号指定的记录内容读入记录变量。

（5）在修改和追加记录时都用到了写入的操作：Put ♯1，rcd_no，med_rcd，将变量的内容写入到相应的记录号中。

10.4 二进制文件

利用二进制存取可以获取任一文件的原始字节，也就是不仅能获取 ASCII 文件，而且能获取非 ASCII 文件的原始字节。因此用户可以修改以非 ASCII 格式存盘的文件如可执行文件。

二进制文件的打开语句为：

```
Open "文件名" For Binary As [#] 文件号 [Len=记录长度]
```

关闭语句为：

```
Close #文件号
```

该模式与随机模式类似，其读写语句也是 Get 和 Put，区别是二进制模式的访问单位是字节，随机模式的访问单位是记录。在此模式中，可以把文件指针移到文件的任何地方，刚开始打开时，文件指针指向第一个字节，以后随文件处理命令的执行而移动。只要文件打开，就可以同时进行读写。

【例 10-4】 建立一个二进制文件并向其中输入信息。

（1）建立如图 10-4 所示的设计界面。

（2）单击"建立文件"按钮，编写如下代码（该按钮默认控件名为 Command1）：

```
Private Sub Command1_Click()
  Dim emname As String * 10
  myfile=InputBox("请输入文件名：")
  Open myfile For Binary As #1
    Do
     emname=InputBox("请输入职工姓名：")
     Put #1,, emname
     re=InputBox("继续输入吗？（Y/N）")
```

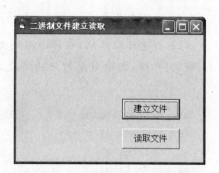

图 10-4 二进制文件读取运行界面

```
    Loop While UCase(re)="Y"
    Close #1
End Sub
```

（3）单击"读取文件"按钮，编写如下代码（该按钮默认控件名为 Command2）：

```
Private Sub Command2_Click()
  Dim emname As String * 10
  myfile=InputBox("输入文件名：")
  Open myfile For Binary As #1
    For i=1 To LOF(1) Step 10
    Get #1,,emname
    Print emname
    Next i
    Close #1
End Sub
```

程序运行时，单击"建立文件"按钮，在弹出的对话框中输入所要建立的文件名路径及名称，如图 10-5 所示。

表示在本地磁盘 C 下建立一个名为 file. dat 的数据文件。然后输入相关信息，单击"读取文件"按钮将其打印到窗口，如图 10-6 所示。

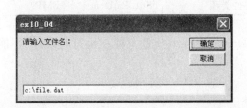

图 10-5　单击"建立按钮"弹出输入对话框

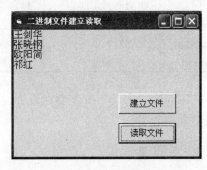

图 10-6　打印读取结果

10.5　文件系统控件

1. 文件系统控件种类

文件管理系统如图 10-7 所示，包括以下几种控件。

（1）驱动器列表框（DriveListBox）：用来显示当前计算机上的所有盘符。

（2）目录列表框（DirListBox）：用来显示当前盘上的所有文件夹。

（3）文件列表框（FileListBox）：用来显示当前文件夹下的所有文件名。

图 10-7　文件管理系统

2. 文件系统控件的重要属性

文件系统控件的重要属性见表 10-2。

表 10-2　文件系统控件的重要属性

属　性	适用的控件	作　用	示　例
Drive	驱动器列表框	包含当前选定的驱动器名	Drive1. Drive="C"
Path	目录和文件列表框	包含当前路径	Dir1. Path="C:\WINDOWS"
FileName	文件列表框	包含选定的文件名	MsgBox File1. FileName
Pattern	文件列表框	决定显示的文件类型	File1. Pattern="＊.BMP"

FileName 与 Pattern 能够在设计时设置，Drive 和 Path 属性只能在运行时设置，不能在设计状态设置。

3. 重要事件

具体见表 10-3。

表 10-3　重要事件

事　件	适用的控件	事件发生的时机
Change	目录和驱动器列表框	驱动器列表框的 Change 事件是在选择一个新的驱动器或通过代码改变 Drive 属性的设置时发生的 目录列表框的 Change 事件是在双击一个新的目录或通过代码改变 Path 属性的设置时发生的
PathChange	文件列表框	当文件列表框的 Path 属性改变时发生
PattenChange	文件列表框	当文件列表框的 Pattern 属性改变时发生
Click	目录和文件列表框	单击时发生
DblClick	文件列表框	双击时发生

　Visual Basic 程序设计应用教程(第二版)

【例 10-5】 设计如图 10-8 所示的文件管理系统。单击文件名时显示出文件路径及名称。

在设计界面拖放驱动器、目录和文件列表框。

(1) 窗体加载事件,代码如下:

```
Private Sub Form_Load()
    Combo1.AddItem "所有文件(*.*)"
    Combo1.AddItem "可执行程序(*.exe)"
    Combo1.AddItem "文本文件(*.txt)"
End Sub
```

图 10-8　程序运行界面

(2) 编写使驱动器列表框、目录框和文件列表框同步操作的事件过程,代码如下:

```
Private Sub Drive1_Change()
    Dir1.Path=Drive1.Drive
End Sub

Private Sub Dir1_Change()
    File1.Path=Dir1.Path
    Label1.Caption=Dir1.Path
End Sub
```

(3) 编写文件列表框的 Click、DblClick 事件,代码如下:

```
Private.Sub File1_Click()
    If Right(Dir1.Path, 1)<>"\" Then
        Label1.Caption=Dir1.Path+ "\"+File1.FileName
    Else
        Label1.Caption=Dir1.Path+File1.FileName
    End If
End Sub

Private Sub File1_DblClick()
    If Right(File1.Path, 1)="\" Then
        F_name=File1.Path+File1.FileName
    Else
        F_name=File1.Path+ "\"+File1.FileName
    End If
    x=Shell(F_name,1)
End Sub
```

(4) 编写组合框的 Click 事件来筛选所显示的文件类型,代码如下:

```
Private Sub Combo1_Click()
```

```
Select Case Combo1.Text
   Case "所有文件(*.*)"
   File1.Pattern="*.*"
   Case "可执行程序(*.exe)"
   File1.Pattern="*.exe"
   Case "文本文件(*.txt)"
   File1.Pattern="*.txt"
   End Select
End Sub
```

10.6　文件的基本操作

文件的基本操作为文件的删除、复制、移动、改名等。可以通过相应的语句执行这些基本操作。

1. FileCopy 语句

格式：

FileCopy　源文件名　目标文件名

功能：复制一个文件。
说明：不能复制一个已打开的文件。

2. Kill 语句

格式：

Kill　文件名

功能：删除文件。
说明：文件名中可以使用通配符 *,?。

3. Name 语句

格式：

Name　旧文件名 新文件名

功能：重新命名一个文件或目录。
说明：不能使用通配符,具有移动文件功能,不能对已打开的文件进行重命名操作。

4. ChDrive 语句

格式：

ChDrive　驱动器

功能：改变当前驱动器。

说明：如果驱动器为空，则不变；如果驱动器中有多个字符，则只会使用首字母。

5. MkDir 语句

格式：

`MkDir 文件夹名`

功能：创建一个新的目录。

6. ChDir 语句

格式：

`ChDir 文件夹名`

功能：改变当前目录。

说明：改变默认目录，但不改变默认驱动器。

7. RmDir 语句

格式：

`RmDir 文件夹名`

功能：删除一个存在的目录。

说明：不能删除一个含有文件的目录。

8. CurDir() 函数

格式：

`CurDir[(驱动器)]`

功能：可以确定任何一个驱动器的当前目录。

说明：括号中的驱动器表示需要确定当前目录的驱动器，如果为空，则返回当前驱动器的当前目录路径。

习　　题

习题 10.1　使用文件系统工具制作简单的习题图片浏览器，本程序可浏览 4 种习题图形文件：BMP 文件、GIF 文件、JPG 文件和 WMF 文件，程序运行时，当用户通过对文件系统控件的设置选定要浏览的习题图形文件后，程序将该文件打开并在习题图形框中显示。程序运行界面如图 10-9 所示。

习题 10.2　磁盘上现有一个记录学生三门课程考试成绩的数据文件 s1.dat，其内容

图 10-9　程序运行界面

如下:

学号,姓名,政治,计算机,外语
0001,张姗,72,63,90
0002,李思思,83,51,46
0003,王羽,91,93,82
0004,程鹏,62,34,45
0005,赵小明,81,71,56
0006,吴飞燕,60,80,75
0007,石英,56,78,82

编制程序,使用顺序文件的访问方式进行文件操作。其运行过程是:单击命令按钮1,将磁盘上已有的文件 s1.dat 读出并将内容显示在习题图形框中;单击命令按钮2,将凡考试成绩小于60分的同学的学号、姓名以及该课程的名称显示在习题图形框中,程序运行界面如图 10-10 所示。

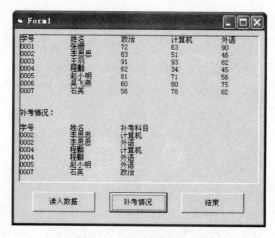

图 10-10　程序运行界面

习题 10.3　使用随机文件访问方式建立关于学生考试成绩的文件,并在另一个窗口使用网格控件显示全部记录。本程序窗体 1 的运行方式:在所有的文本框中输入对应数据之后,单击"添加"按钮,应用程序会将这些数据写入文件并同时清空文本框;然后再单击"下一条"按钮,这时记录号文本框自动增 1,用户可以继续在其他文本框中输入下一条记录的内容,再单击"添加"按钮……反复操作直到全部数据输入完毕,然后可以通过单击"上一条"或"下一条"按钮查看数据;单击"浏览数据"按钮,进入窗体 2,在窗体 2 的网格控件中显示在窗体 1 中添加的所有数据。

程序的运行界面如图 10-11、图 10-12 所示。

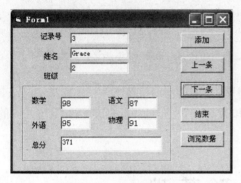

图 10-11　程序运行界面

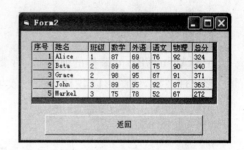

图 10-12　程序运行界面

第11章 图形程序设计

在用 Visual Basic 编程的时候,通常要调用图片及使用图形处理技术,掌握 VB 丰富的图形处理技术,使图形以各种完美的效果出现,程序就会显得更加灵活,具有更多的创意、更高的品质以及更加专业化。

11.1 图 形 基 础

计算机中任何类型的信息都是以数字方式来记录、处理和保存的,图形信息也不例外,图形信息大致可以分为两种:矢量图形与位图图像。

11.1.1 矢量图形

矢量图形以数学的矢量方式来记录图形内容。它的内容以线条与色块为主,例如一条线段的数据只需要记录两个端点的坐标、线段的粗细和色彩等。因此矢量图形文件所占的容量较小,也可以很容易地进行放大、缩小或旋转等操作,并且不会失真,精确度较高并可以制作 3D 图像;但这种图像有一种缺陷,不易制作色调丰富或色彩变化太多的图像,而且绘制出来的图像不是很逼真,无法向照片一样精确地表现自然界的景象,同时也不易在不同的软件间交换文件。

矢量图形文件最常用的类型有标准型(.wmf)和增强型(.emf)两种。

11.1.2 位图图像

位图图像弥补了向量图形的缺陷,它能够制作出颜色和色调变化丰富的图像,可以逼真地表现自然界的景象,同时也可以很容易地在不同的软件之间交换文件。

位图图像是由许多点组成的,这些点称为像素,许许多多不同颜色的点组合在一起便构成了一幅完整的图像。位图图像在保存文件时,它需要记录下每一个像素的位置和色彩数据,因此图像像素越多(即分辨率越高),文件就越大,处理速度也就越慢。但由于它能够记录下每一个点的数据信息,因而可以精确地记录色调丰富的图像,达到照片般的品质。

位图图形文件最常用的类型有以下几种。

(1) 位图文件(bitmap)：位图通常以 .bmp 或 .dib 为文件扩展名。

(2) 图标文件(icon)：以 .ico 为文件扩展名。

(3) JPEG 文件：JPEG 是一种支持 8 位和 24 位颜色的压缩位图格式。它是 Internet 上一种流行的文件格式。以 .jpg 为文件扩展名。

(4) GIF 文件：GIF 是一种压缩位图格式。它可支持多达 256 种的颜色，是 Internet 上一种流行的文件格式，以 .gif 为文件扩展名。

在 VB 应用程序的设计过程中，图形处理的内容基本包括：在应用程序中插入图片、使用 VB 图形控件创建图形和使用 VB 图形方法绘制图形。

11.2　坐　标　系　统

11.2.1　VB 的默认坐标系统

对于每一个图形操作(包括调整大小、移动和绘图)，坐标系统是一个不可或缺的工具。与平时的数学概念一样，是一个二维网格。根据应用程序的需要，坐标系统可以定义在屏幕上、窗体中或其他容器中(如图形框等)。而在应用程序中主要是在窗体和图形框中使用坐标系统。

在 VB 中，用户界面上凡是可以作为容器的控件对象，都带有一个由系统为其设定的(默认)坐标系统，例如窗体上的(默认)坐标系统，定义网格上的位置：(x,y)，x 值是沿 x 轴点的位置，最左端是默认位置 0。y 值是沿 y 轴点的位置，最上端是默认位置 0。也就是说，坐标系的原点是在窗体的作上角(其实，任何容器的默认坐标系统都是这样的类型)。该坐标系统如图 11-1 所示。

对于容器中控件对象的大小或容器的坐标系统中坐标轴的刻度默认的基本单位就是在第 2 章中提到过的 twips。

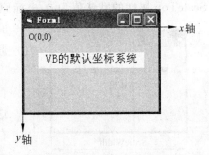

图 11-1　VB 的默认坐标系统

所有控件位置的描述、图形的绘制和 Print 方法的调用，使用的坐标系统都是这些对象所在容器的坐标系统。例如，在图形框里放置控件或绘制图形，使用的是图形框的坐标系统；如果直接在窗体上放置控件或绘制图形，窗体就是容器，使用的就是窗体的坐标系统；而对于窗体本身来说，屏幕就是它的容器。

11.2.2　建立自己的坐标系统

在 Visual Basic 中，坐标系统中坐标轴的方向、起点和坐标系统的刻度，都是可以改变的。

1. 改变坐标轴刻度

改变当前坐标系的刻度单位(即不改变坐标系的原点位置和坐标轴的方向)有多种方法,最常用的是通过改变控件对象的 ScaleMode 属性值,用其他的标准刻度单位来代替当前的刻度单位。

对象的 ScaleMode 属性的取值及描述如表 11-1 所示。

表 11-1   对象 ScaleMode 属性取值及描述

ScaleMode 设置值	描　　述
0	用户定义
1	缇。这是默认刻度。1440 缇等于一英寸
2	磅。72 磅等于一英寸
3	像素。像素是监视器或打印机分辨率的最小单位。每英寸里像素的数目由设备的分辨率决定
4	字符。打印时,一个字符有 1/6 英寸高、1/12 英寸宽
5	英寸
6	毫米
7	厘米

例如,一个对象长为两个单位,当 ScaleMode 设为 5 时,打印时就是两英寸长。

其次,每个窗体和图形框都有几个刻度属性(ScaleLeft、ScaleTop、ScaleWidth、ScaleHeight),用于改变坐标系统的刻度。

ScaleTop、ScaleLeft 属性值用于指定对象左上角坐标,所有对象的 ScaleLeft、ScaleTop 属性的默认值为 0,坐标原点在对象的左上角,当改变 ScaleLeft、ScaleTop 的值时,坐标系的 x 轴或 y 轴按此值平移形成新的坐标原点。

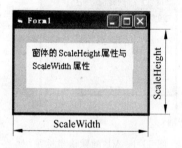

图 11-2   窗体的 ScaleHeight 属性与 ScaleWidth 属性

ScaleWidth、ScaleHeight 属性值可确定对象坐标系 x 轴与 y 轴的正向及最大坐标值(如图 11-2 所示)。这两个属性默认时其值均大于 0,此时,x 轴的正向向右,y 轴的正向向下。对象右下角坐标值为(ScaleLeft ＋ScaleWidth,ScaleTop＋ScaleHeight)。根据左上角和右下角坐标的大小自动设置 x 轴与 y 轴的度量单位分别为 1/ScaleWidth 和 1/ScaleHeight。

如果 ScaleWidth 的值小于 0,则 x 轴的正向向左,如果 ScaleHeight 的值小于 0,则 y 轴的正向向上。

例如,通过属性定义,使用下面的语句序列在窗体中定义如图 11-3 所示的坐标系。

```
Form1.ScaleLeft=-16
Form1.ScaleTop=16
Form1.ScaleWidth=32
Form1.ScaleHeight=-32
```

Visual Basic 程序设计应用教程(第二版)

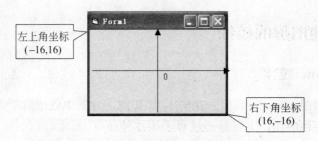

图 11-3 使用窗体属性自定义坐标系

若直接设置了 ScaleWidth、ScaleHeight、ScaleTop 或 ScaleLeft 的属性值,则 ScaleMode 属性自动设为 0。

2. 重新定义新的坐标系统

一个更有效的改变坐标系统的途径,是使用 Scale 方法。Scale 方法的语法格式如下:

[对象名.]Scale [(x1,y1)-(x2,y2)]

其中,对象为要定义坐标系的控件对象(窗体或图形框);(x1,y1)表示对象左上角坐标,(x2,y2)表示对象右下角坐标,VB 根据给定的坐标参数计算出 ScaleLeft、ScaleTop、ScaleWidth、ScaleHeight 的值。Scale 方法不带参数时,取消用户自定义的坐标系,而采用默认的坐标系。

例如:

```
Form1.Scale(-16,16)-(16,-16)
```

可建立和图 11-3 一样的坐标系。

可以看到,x1 和 y1 的值,决定了 ScaleLeft 和 ScaleTop 属性的设置值。两个 x-坐标之间的差值和两个 y-坐标之间的差值,分别决定了 ScaleWidth 和 ScaleHeight 属性的设置值。例如,假定要为一窗体设置坐标系统,而将左上角与右下角两个端点设置为(100,100)和(2000,3000):

```
Scale (100,100)-(2000,3000)
```

该语句定义窗体为 1900 单位宽和 2900 单位高。

若指定 x1>x2 或 y1>y2 的值,则与设置 ScaleWidth 或 ScaleHeight 为负值的效果相同。

11.3 图 形 控 件

这里所介绍的图形控件大体分为两大类型:用于显示图形的控件与用于创建图形的控件。

11.3.1　创建图形的控件

1. 直线（Line）控件

Line 控件（如图 11-4 所示）用来在窗体、框架或图片框中创建简单的线段。在 VB 应用程序中，Line 控件的作用主要是通过对于该控件位置、长度、颜色和样式的设置来定义应用程序的外观。因此 Line 控件的功能常常仅用于显示和打印。直线控件的主要属性有以下几种。

图 11-4　Line 控件

（1）BorderStyle 属性

Line 控件的 BorderStyle 属性用于设置线段的样式。BorderStyle 属性提供 7 种直线样式，如表 11-2 所示。

表 11-2　7 种直线样式

BorderStyle 属性值	描　述	线 段 样 式
0	透明	
1	实线	————————
2	虚线	— — — — — —
3	点线	- - - - - - - - - -
4	点画线	— · — · — · — ·
5	双点画线	— ·· — ·· — ··
6	内实线	

要指定直线样式，在设计时可从直线控件的属性窗口中选择并设置 BorderStyle 属性，而在运行时可在代码中使用相应的 Visual Basic 常数指定样式。

（2）BorderColor 属性

Line 控件的属性用来指定直线的颜色。在设计时从 Line 控件的属性窗口中选择 BorderColor 属性，然后从提供的调色板或系统颜色中选择颜色，这样就可设置直线颜色。为了在运行时设置颜色，应使用 Visual Basic 颜色常数（例如 vbGreen）或系统颜色常数（例如 vbWindowBackground），或使用 QBColor 函数以及 RGB 函数指定边界颜色。

（3）BorderWidth 属性

Line 控件的 BorderWidth 属性用来指定直线的宽度，其属性值为 1～8192 之间（包括 1 和 8192）的整数。默认的属性值为 1。需要注意的是，用户界面上的 Line 控件的 BorderStyle 属性，除了实线型（即 BorderStyle＝1）之外，其他类型当其 BorderWidth 属性不为 1 时都不起作用。

（4）X1、Y1 和 X2、Y2 属性

Line 控件的 X1 和 Y1 属性用于设置直线控件左端点的水平位置和垂直位置，X2 和 Y2 属性用于设置直线控件右端点的水平位置和垂直位置。在程序运行时不能用 Move 方法移动 Line 控件。

【例 11-1】 制作"血压测试数据显示"用户界面(如图 11-5 所示),带有立体感的分隔线,其实是两根直线控件的合成。其制作过程是:在用户界面上用直线控件工具画两条水平直线:Line1 和 Line2,设置 Line1 的 BorderColor 属性为黑色(在此为默认属性),Line2 的 BorderColor 属性为白色。然后将 Line2 的 Y1 和 Y2 坐标分别设置为较 Line1 的 Y1 和 Y2 大于 10 的数值即可。

即在当前的用户界面中进行以下设置。

Line1:X1 坐标为 120;X2 坐标为 440

Y1 坐标为 1440;Y2 坐标为 1440

Line2:X1 坐标为 120;X2 坐标为 440

Y1 坐标为 1450;Y2 坐标为 1450

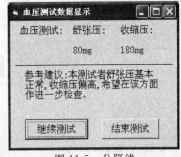

图 11-5　分隔线

当两根直线的距离要求相当近的时候,一般是在其属性窗口直接设置其坐标的属性值,而不是用鼠标去拖动。

2. Shape 控件

Shape 控件(如图 11-6 所示)用于在窗体、框架或图形框中创建下述预定义形状:矩形、正方形、椭圆形、圆形、圆角矩形或圆角正方形。当在用户界面上放置了 Shape 控件后,首先要设置的是其 Shape 属性,Shape 控件的 Shape 属性提供了 6 种预定义的形状。表 11-3 列出了所有预定义形状、形状值和相应的 Visual Basic 常数。

图 11-6　Shape 控件

表 11-3　预定义形状、形状值和相应的 VB 常数

Shape 属性值	描　述	常　　数	样　式
0	矩形	vbShapeRectangle	
1	正方形	vbShapeSquare	
2	椭圆	vbShapeOval	
3	圆	vbShapeCircle	
4	圆角矩形	vbShapeRoundedRectangle	
5	圆角正方形	vbShapeRoundeSqure	

与 Line 控件比较类似的是,Shape 控件也具有 BorderStyle 属性、BorderColor 属性和 BorderWidth 属性。Shape 控件的 BorderStyle 属性用于设置该控件的边框样式,其取值范围与每一个属性值所代表的含义与 Line 控件的 BorderStyle 属性完全一致;Shape 控件的 BorderColor 属性用于设置该控件的边框颜色;BorderWidth 属性用于设置该控件边框线的宽度。

(1) FillStyle 属性

Shape 控件提供了若干预定义的填充样式图案,其中包括实线、透明、水平线、垂直线、左上右下对角线、左下右上对角线、十字线和对角十字线。表 11-4 给出了 Shape 控件的 FillStyle 属性的取值、意义描述以及具体的填充样式。

表 11-4　Shape 控件的 FillStyle 属性取值、意义及填充样式

FillStyle 属性值	描述	填充样式	FillStyle 属性值	描述	填充样式
0	实填充	▮	4	左上右下对角线	▨
1	透明	□	5	左下右上对角线	▨
2	水平线	▤	6	十字线	▦
3	垂直线	▥	7	对角十字线	▨

（2）FillColor 属性

Shape 控件的 FillColor 属性用于设置封闭图形内部的填充颜色。设计时，可从 Shape 控件的属性窗口中选定填充或边框颜色属性，然后从提供的调色板或系统颜色中选择要设置的颜色。

【例 11-2】　使用 Shape 控件作简单的图形，如图 11-7 所示。

本程序一共使用了 7 个 Shape 控件，所有控件的属性除了 Shape 属性都为 3 以外，其余属性设置如表 11-5 所示。

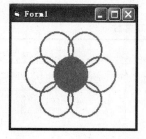

图 11-7　Shape 控件组成的图

表 11-5　属性设置

对象及对象名	属 性 名	属 性 值
Shape1	FillStyle	0
Shape1	BorderColor	&H000000FF&
Shape1	FillColor	&H000000FF&
Shape2～Shape7	FillStyle	1
Shape2～Shape7	BorderColor	&H000000FF&

在应用程序设计过程中，直线控件和形状控件对于创建图形十分有用。这些控件的一个优点是，需要的系统资源比其他 Visual Basic 控件少，这就提高了 Visual Basic 应用程序的性能。另一个优点是，创建图形所用的代码比图形方法用的要少。

11.3.2　显示图形的控件

无论是图片还是图形控件，在 VB 应用程序中都必须使用容器才能起美化用户界面的作用。第 2 章中曾介绍过在窗体（Form）、图形框（PictureBox）和图像框（Image）上加载图片的方法，同时读者也学习与练习过在命令按钮等控件上放置图标文件的操作。

本章着重向读者介绍支持图形处理的重要控件对象，即窗体与图形框的另外一些特点，对于显示图形的控件对象，该两者在 VB 中占有相当重要的地位，现在将两者的特点向读者作进一步介绍。

　Visual Basic 程序设计应用教程（第二版）

窗体(Form)与图形框(PictureBox)是 VB 中功能很强的控件,它们的作用主要有:显示图片、作为其他控件的容器、支持图形控件与图形方法的输出、显示 Print 方法输出的文本。

(1) CurrentX、CurrentY 当前坐标属性

窗体或图形框的 CurrentX、CurrentY 属性给出在绘图时的当前坐标,CurrentX、CurrentY 确定了下一次打印或绘图的水平及垂直坐标。如上面讲的 Print 方法,当表达式后使用",",时,Visual Basic 将改变 CurrentX、CurrentY 值为下一打印区域开始的值,于是输出便指向了下一个打印区域。而 Cls 方法将把操作对象的 CurrentX、CurrentY 的值设为(0,0)。

【例 11-3】 使用当前坐标技术在窗体上显示以"★"组成的圆,程序运行界面如图 11-8 所示。

本程序的用户界面上只有一个命令按钮,其程序代码如下:

图 11-8　程序运行界面

```
Private Sub Command1_Click()
    Const PI=3.1415926
    Dim r As Single
    r=Form1.ScaleWidth/3
    For t=0 To 2 * PI Step PI/12
        CurrentX=Form1.ScaleWidth/2+r * Cos(t)
        CurrentY=Form1.ScaleHeight/3+r * Sin(t)
        Print "★"
    Next t
End Sub
```

(2) AutoRedraw 属性

每个窗体和图形框都具有 AutoRedraw 属性。AutoRedraw 是 Boolean 属性,其默认值是 False。当 AutoRedraw 设置为 False,窗体上显示的任何由图形方法创建的图形如果被另一个窗口暂时挡住,将会丢失。另外,如果扩大窗体,窗体边界外的图形将会丢失。设置 AutoRedraw 为 False 的效果如图 11-9 所示。

当窗体的 AutoRedraw 属性设置为 True 时,Visual Basic 会将图形方法适用于内存中的一块"画布"上。应用程序复制此画布的内容,以便重新显示被其他窗口暂时隐藏起来的图形。在大多数情况下,该窗体画布的大小即屏幕的大小。如果窗体的 MaxButton 属性为 False 且窗体的边界不可调,那么该画布的大小即窗体的大小。设置 AutoRedraw 为 True 时显示的效果如图 11-10 所示。

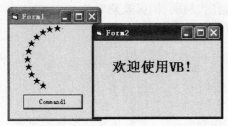

图 11-9　Form1 的 AutoRedraw
为 False 的效果

图 11-10　Form1 的 AutoRedraw
为 True 的效果

（3）DrawStyle 属性

当在进行图形处理时要实现的操作是在容器上面绘图，而不是使用图形控件时，窗体或图形框的 DrawStyle 属性用于设置在其上面画线的样式，该属性提供 7 种直线样式，如表 11-6 所示。

表 11-6　7 种直线样式

DrawStyle 属性值	描　　述	线段样式
0	实线	————————————
1	虚线	— — — — — — —
2	点线	··················
3	点画线	— · — · — · — · —
4	双点画线	— ·· — ·· — ·· —
5	透明	
6	内实线	————————————

（4）DrawWidth 属性

窗体或图形框的 DrawWidth 属性用于设置在其上面画线的宽度或画点的大小，DrawWidth 属性所设置的线宽宽度以像素为单位，最小值为 1。

（5）FillColor 属性与 FillStyle 属性

对于支持图形输出的容器（即窗体与图形框）来说，同样具有 FillColor 属性与 FillStyle 属性，容器的 FillStyle 属性用于设置绘制在该容器上的封闭图形的填充样式，FillColor 属性用于设置绘制在该容器上的封闭图形的填充颜色。两者的取值范围与取值所对应的含义与 Shape 控件的 FillColor 属性与 FillStyle 属性的取值范围与取值所对应的含义类似。

11.4　图 形 方 法

VB 提供了 4 种在指定的对象（窗体或图形框）上绘制图形的方法。

（1）Line 方法，用于在窗体或图形框上绘制直线或矩形。

（2）Circle 方法，用于在窗体或图形框上绘制圆、椭圆、圆弧及扇形。

（3）Pset 方法，用于在窗体或图形框上绘制点。

（4）Point 方法，用于返回窗体或图形框上指定位置的像素值。

11.4.1　Line 方法

Line 方法用于在窗体或图形框上绘制直线或矩形，其语法格式为：

```
[对象名.] Line [[Step](x1,y1)]-(x2,y2)[,颜色][,B[F]]
```

其中,对象即为窗体或图形框。(x1,y1)、(x2,y2)为线段的起终点坐标或矩形的左上角右下坐标。颜色为可选参数,指定画线的颜色,默认取对象的前景颜色,即 ForeColor 属性值。B 表示画矩形,F 表示用画矩形的颜色来填充矩形。关键字 Step 表示采用当前作图位置的相对位移量,即从当前坐标移动相应的步长后所得的点为画线起点。

【例 11-4】 使用直线在窗体上绘制不同线宽的三角形。

在窗体上放置一个命令按钮,然后在代码窗口编辑如下程序代码:

```
Private Sub Command1_Click()
  Dim i As Integer
  Form1.ScaleHeight=3000
  Form1.ScaleWidth=5000
  Form1.BackColor=vbWhite
  i=1
  Form1.DrawWidth=i
  Line (250, 300)-(4000, 100)
  i=i+2
  Form1.DrawWidth=i
  Line-(500, 2500)
  i=i+2
  Form1.DrawWidth=i
  Line-Step(-250,-2200)
End Sub
```

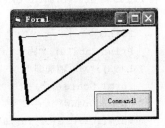

图 11-11 不同线宽的三角形

本程序运行结果如图 11-11 所示。

在本例题中,首先设置窗体的高度(Height 属性)为 3000,宽度(Width 属性)为 5000,背景颜色(BackColor 属性)为白色。本程序的第一条 Line 语句是画一条从(250,300)到(4000,100)的、宽度为 1 的直线,一旦语句执行完毕,画好的直线的最后一点的坐标(4000,100)将被自动分别保存到窗体的 CurrentX 属性和 CurrentY 属性中;第二条 Line 语句是从当前位置(即 CurrentX,CurrentY)画到(500,2500)的、宽度为 3 的直线,语句执行完毕后,窗体的 CurrentX 属性值为 500、CurrentX 属性值为 2500;第三条 Line 语句所画的宽度为 5 的直线起始点是当前坐标(500,2500),终点是向 X 轴反向走 250,向 Y 轴反向走 2200 的点(250,300)。

【例 11-5】 使用 Line 方法绘制矩形。在本例题中,首先在用户界面设计窗口设置窗体的高度(Height 属性)为 3400,宽度(Width 属性)为 2750,背景颜色(BackColor 属性)为白色。然后编写如下窗体单击事件程序代码:

图 11-12 用 Line 方法画矩形

```
Private Sub Form_Click()
  Line (20, 40)-(1500,2000),,B
  Line (200, 400)-Step(2000,2000),vbRed,BF
End Sub
```

本程序运行结果如图 11-12 所示。

本程序的第一条 Line 语句是画一个左上角在(20,40),右下角在(1500,2000)的矩形。注意,若要省略 color 参数,则逗号不可以省略。第二条 Line 语句是用红色从(20,40)到(1800,600)画一个实心的矩形。

11.4.2　Circle 方法

Circle 方法用于在窗体或图形框上画圆、椭圆、圆弧和扇形。其语法格式为:

[对象名.]Circle[[Step](x,y),半径[,颜色][,起始角][,终止角][,长短轴比率]]

其中,(x,y)为圆心坐标,Step 表示采用当前作图位置的相对值;参数起始角、终止角用于设置绘制圆弧;当在起始角、终止角取值前加一负号时,表示画圆心到圆弧的径向线,即绘制扇形;参数长短轴比率控制绘制椭圆时横轴与纵轴的比例关系,其默认值为 1,即为画圆。

【例 11-6】　使用 Circle 方法的程序。直接编写窗体单击事件程序代码如下:

```
Private Sub Form_Click()
    Const PI=3.1415926
    Print
    Print Tab(10); "圆";Tab(30);"1/4 圆弧";Tab(50);"扇型 ";Tab(72);"X-长轴椭圆";
Tab(93);"X-短轴椭圆"
    Form1.Scale(0,0)-(100, 30)
    Form1.DrawWidth = 2
    Form1.Circle(10,15),8                        '绘制圆
    Form1.Circle(35,20),10,,PI/2,PI              '绘制圆弧
    Form1.FillStyle=0                            '设置填充样式为实填充
    Form1.FillColor=vbRed                        '设置填充颜色为红色
    Form1.Circle(50,20),10,,-PI/6, -PI * 5/6     '绘制具有填充效果的扇形
    Form1.FillStyle=1                            '设置填充样式为虚填充
    Form1.Circle(75,15),12,,,,0.3                '绘制 X-长轴椭圆
    Form1.Circle(95,15),8,,,,3                   '绘制 X-短轴椭圆
End Sub
```

该程序运行结果如图 11-13 所示。

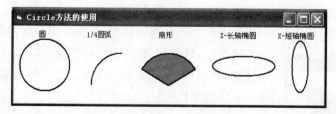

图 11-13　使用 Circle 方法绘制的基本图形

例 11-6 描述 Circle 方法的所有基本功能。由于 Circle 方法具有 6 个参数,其使用方面的某些规则与 Line 方法是一样的,最后的参数被省略时可以忽略不写,若是后面的参数不可省略而前面的参数可省略,则必须在书写时用逗号空出前面参数的位置。由于在实际的应用过程中,完全以圆或圆弧所组成的图形并不是很多,因此 Circle 方法的使用并

　　　　　Visual Basic 程序设计应用教程(第二版)

不相当广泛。

【例 11-7】 使用 Circle 方法绘制太极图。在用户界面上放置一个图形框和一个命令按钮。编写命令按钮单击事件如下：

```
Private Sub Command1_Click()
    Const PI=3.1415926
    Dim x As Double,y As Double
    Picture1.Scale (-4,4)-(4,-4)
    Picture1.DrawWidth=2
    Picture1.Circle (0,0),4
    Picture1.Circle (0,2),2,, PI/2,PI * 3/2
    Picture1.Circle (0,-2),2,,PI * 3/2,PI/2
    Picture1.Circle (0,2),1
    Picture1.Circle (0,-2),1
End Sub
```

本程序运行界面如图 11-14 所示，太极图主要由一个大圆、两段圆弧以及两个小圆组成，该图形绘制的主要注意点是圆以及圆弧的坐标位置的计算与设定。

读者如果有兴趣，可以试着以 Circle 方法来代替图形控件改变前面例 11-2 的程序。

图 11-14 用 Circle 方法绘制的太极

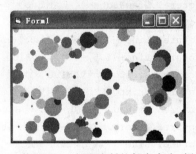

图 11-15 使用 PSet 方法绘制的任意大小、颜色的点

11.4.3 Pset 方法

Pset 方法用于在窗体或图形框上画点，其语法格式如下：

[对象名.]Pset[Step](X,Y)[,颜色]

【例 11-8】 使用 Pset 方法在窗体上的任意位置画任意颜色的、大小为 1～10 之间任意值的点。

直接编写窗体单击事件如下：

```
Private Sub Form_Click()
    Dim i As Integer, x As Double, y As Double
    Randomize
    For i=1 To 100
        Form1.ForeColor=RGB(Int(Rnd * 255), Int
        (Rnd * 255), Int(Rnd * 255))
```

```
    x=Rnd * Form1.ScaleWidth
    y=Rnd * Form1.ScaleHeight
    Form1.DrawWidth=Int(1+Rnd * 30)
    PSet (x, y)
  Next i
End Sub
```

本程序运行界面如图 11-15 所示,可以把点理解为组成图形的最基本的元素,因此,尽管 Pset 方法的语法结构很简单,但这个方法在编辑图形应用程序时往往使用率是最高的。

【例 11-9】 使用 Line 方法和 Pset 方法绘制坐标系及 $-2\pi \sim 2\pi$ 之间的正弦曲线。在用户界面上放置一个图形框(PictureBox)和两个命令按钮。

编写命令按钮(Command1)单击事件代码如下:

```
Private Sub Command1_Click()
  Const PI=3.14159
  Dim a as Double
  Picture1.Cls
  Picture1.BackColor=vbWhite               '设置图形框的背景颜色为白色
  Picture1.ScaleMode=3
  Picture1.Scale (-7, 3)-(7,-3)            '自定义坐标系
  Picture1.DrawWidth=1
  Picture1.Line (-7, 0)-(7, 0), vbBlue     '绘制 X-轴
  Picture1.Line (6.5, 0.5)-(7, 0), vbBlue  '绘制 X-轴的箭头
  Picture1.Line-(6.5,-0.5), vbBlue
  Picture1.ForeColor=vbBlue
  Picture1.Print "X"
  Picture1.Line(0, 7)-(0,-7), vbBlue       '绘制-轴
  Picture1.Line(0.5, 2.5)-(0, 3), vbBlue   '绘制 Y-轴的箭头
  Picture1.Line-(-0.5,2.5), vbBlue
  Picture1.ForeColor=vbBlue
  Picture1.Print "Y"
  Picture1.CurrentX=0.5                     '设置原点字母的输出位置
  Picture1.CurrentY=-0.5
  Picture1.Print "0"
  For a=-2 * PI To 2 * PI Step PI/6000      '开始绘制正弦曲线
    Picture1.PSet (a, Sin(a) * 3), vbRed
  Next a
End Sub
```

编写命令按钮(Command2)单击事件代码如下:

```
Private Sub Command2_Click()
  Unload Me
End Sub
```

本程序运行界面如图 11-16 所示。

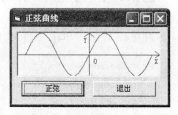

图 11-16 坐标系与正弦曲线

11.4.4　Point 方法

Point 方法用于返回指定点的 RGB 颜色,其语法格式如下:

[对象名.]Point(X,Y)

【**例 11-10**】　用 Point 方法获取图形框中所有点的信息,并把它们反映在窗体上。

在窗体的左下角上放置一个图形框(PictureBox),并设置该图形框的 Picture 属性为图标文件 misc32. ico,该文件可以在 C:\Program Files\Microsoft Visual Studio\Common\Graphics\Icons\Misc 文件夹里面找到。

编写窗体单击事件程序代码如下:

```
Private Sub Form_Click()
  Dim i, j As Integer, mcolor As Long
  Form1.Scale(0, 0)-(1000,1000)
  Picture1.Scale(0, 0)-(1000,1000)
  Picture1.Cls
  For i=1 To 1000
    For j=1 To 1000
      mcolor=Picture1.Point(i,j)
      PSet (i,j), mcolor
    Next j
  Next i
End Sub
```

本程序运行界面如图 11-18 所示。本例中窗体与图形框的坐标系设置相同,但窗体的实际高度与宽度比图形框大,因此仿真输出时放大了原来的图案。如果将窗体的坐标系倒置:Form1. Scale(1000,1000)-(0,0),则可输出图形旋转 180 度以后的效果(如图 11-19 所示)。

图 11-17　图形在窗体上的反映

图 11-18　图形在窗体上的倒置反映

图 11-19　用 Line 方法绘制的图案

11.4.5　综合实例

利用 Visual Basic 的基本属性和基本图形方法，可以绘制各种不同风格的图形，下面给出几个具体的例子。

【例 11-11】　使用 Line 方法绘制圆盘图案，程序运行结果如图 11-20 所示。在窗体上放置一个图形框和一个命令按钮。编写命令按钮单击事件代码如下：

```
Private Sub Command1_Click()
  Const PI=3.14159
  Picture1.Scale (0, 0)-(300, 180)
  For a= 0 To 2 * PI Step PI/90
    d= 60+90 * Sin(8 * a)
    X1= 300 * Cos(a)+300
    Y1=-80 * Sin(a)+90
    X2=d * Cos(a)+300
    Y2=-50 * Sin(a)+90
    Picture1.Line (X1 / 2, Y1)-(X2 / 2, Y2)
Next a
End Sub
```

使用 Line 方法，不断变换线段的起始点与终止点的坐标，可以画出很多类似的、非常美丽且看来较为复杂的图案。

【例 11-12】　使用在窗体上绘制具有填充效果的太极图。在窗体上放置一个图形框和一个命令按钮。编写命令按钮单击事件代码如下：

```
Private Sub Command1_Click()
  Const PI=3.1415926
  Dim x As Double, y As Double
  Picture1.Scale (-4,4)-(4,-4)
  Picture1.DrawWidth=2
  For y=4 To 0 Step -8/1000
     For x=-Sqr(16-y * y) To Sqr(16-y * y) Step 8/1000
     If x < (-1) * Sqr(4-(y-2) * (y-2)) Then
        Picture1.ForeColor=vbWhite
     Else
        Picture1.ForeColor=vbBlack
     End If
     Picture1.PSet(x, y)
   Next x
Next y
For y=0 To-4 Step-8/1000
 For x=-Sqr(16-y * y) To Sqr(16-y * y) Step 8/1000
  If x<Sqr(4-(y+2) * (y+2)) Then
     Picture1.ForeColor=vbWhite
```

```
    Else
        Picture1.ForeColor=vbBlack
    End If
    Picture1.PSet(x,y)
  Next x
Next y
  Picture1.FillStyle=0
  Picture1.FillColor=vbWhite
  Picture1.ForeColor=vbWhite
  Picture1.Circle(0,2),1
  Picture1.FillColor=vbBlack
  Picture1.ForeColor=vbBlack
  Picture1.Circle(0,-2),1
End Sub
```

本程序运行结果如图 11-20 所示,对于 VB 6.0 的基本图形处理方法来说,除了矩形与椭圆(包括圆、扇形),对其他不规则的封闭图形进行颜色填充,基本上是非常困难的,使用 Pset 方法是解决这一类问题的手段之一。

图 11-20 具有填充效果的太极图

图 11-21 椭圆抛物面

【例 11-13】 用椭圆堆砌成的椭圆抛物面。

在用户界面上放置一个命令按钮。编写命令按钮单击事件代码如下:

```
Private Sub Command1_Click()
  Dim z As Integer
  Form1.Scale(-360,360)-(360,-20)
  Form1.ForeColor=vbBlue
  For z=0 To 299
    Circle(0,z),12 * Sqr(2 * z),,,,0.3
  Next z
  Form1.FillStyle=0
  Form1.FillColor=Form1.BackColor
  Form1.DrawWidth=2
  Circle(0,z),12 * Sqr(2 * z),,,,0.3
End Sub
```

本程序运行界面如图 11-21 所示。

使用圆或椭圆堆砌的方式可以模拟很多类似的立体图形，读者完全可以用同样的原理设计一个在窗体上输出圆柱体的程序。

习　题

习题 11.1　使用习题图形控件(Shape)编一个模拟鼠标的鼠标检测程序，程序功能为：在窗体的任意位置按下鼠标左键，则模拟鼠标的左键变为深灰色；按下鼠标右键，则模拟鼠标的右键变为深灰色；左右键同时按下，则模拟鼠标的左右键同时变为深灰色。任何被按下的键一旦抬起，模拟鼠标相对应的键立刻恢复原来的淡灰色，程序的运行界面如图 11-22 所示。

习题 11.2　编辑应用程序，实现在窗体上连续画不同半径的同心圆的效果，程序的运行界面如图 11-23 所示。

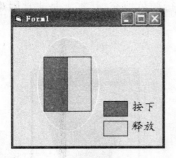

图 11-22　程序运行界面

图 11-23　程序运行界面

习题 11.3　设计一个计算机模拟时钟的程序，程序的运行界面如图 11-24 所示。

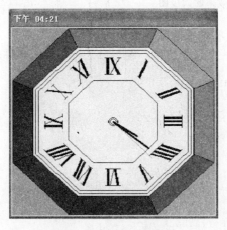

图 11-24　程序运行界面

　Visual Basic 程序设计应用教程(第二版)

第 12 章 数据库程序设计

在日益壮大的计算机应用技术学科中,数据库技术正在成为越来越重要的组成部分。使用数据库技术来存储与管理大量数据比使用文件系统管理具有更高的效率,已成为广大计算机用户的共识。

Visual Basic 6.0 提供了一个功能非常强大的数据库开发平台,所以常常被选择作为开发数据库前台应用程序的工具。

12.1 数据库基本概念

数据库是有组织的、以电子方式保存在文件中的信息集合。根据数据模型,即实现数据结构化所采用的联系方式,数据库可分为几种不同的类型:层次型数据库、网状型数据库以及关系型数据库。20 世纪 80 年代以来,我国的研究人员所从事研究、开发的数据库类型大多是关系型数据库,它已成为当今世界上最通用的数据库类型。本章要介绍的、VB 所支持程序员所开发的数据库类型也是关系型数据库。

12.1.1 关系型数据库

一个关系型数据库有 3 个基本特点。

(1) 在由行和列组成的(二维)表中存储数据。图 12-1 所示为学生基本情况数据表。

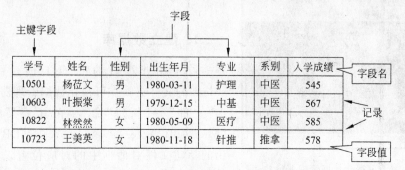

学号	姓名	性别	出生年月	专业	系别	入学成绩
10501	杨芷文	男	1980-03-11	护理	中医	545
10603	叶振棠	男	1979-12-15	中基	中医	567
10822	林然然	女	1980-05-09	医疗	中医	585
10723	王美英	女	1980-11-18	针推	推拿	578

图 12-1 学生基本情况数据表

（2）可以对表中的数据集进行检索。

（3）表与表能被连接在一起，以便用户检索存储在不同表中的相关数据。

下面是有关关系数据库的几个专用术语：

（1）关系（表 Table）。在关系数据库中，数据以关系的形式出现，可以把关系理解成一张二维表。

（2）记录（Record）。每张二维表均由若干行和列构成，其中每一行称为一条记录。

（3）字段（Field）。二维表中的每一列称为一个字段，每一列均有一个名字，称为字段名，各字段名互不相同，字段名下面的每一部分都称为字段值。

（4）主键（Primary Key）。关系数据库中的某个字段或某些字段的组合定义为主键。每条记录的主键值都是唯一的，这就保证了可以通过主键唯一标识一条记录。

（5）索引。为了提高数据库的访问效率，表中的记录应该按照一定顺序排列，通常建立一个较小的表——索引表，该表中只含有索引字段和记录号。通过索引表可以快速确定要访问的记录的位置。

12.2 Visual Basic 的数据库应用

对于数据库开发，有很多专门的应用软件，比如在个人计算机上使用相当广泛的 Microsoft Access、dBASE 和 Paradox，以及应用于大型网络上的 SQL Server、Oracle 或 Sybase 等，虽然可以说它们和 VB 本身没有任何关系，但是 VB 可以访问所有这些数据库中的数据，且采取的访问方式是统一的。为了方便读者实践，这里以 Microsoft Access 为例介绍如何在 VB 环境下开发数据库以及编写数据库应用程序。

12.2.1 可视化数据管理器

利用 VB 的可视化数据管理器，可以直接建立 Access 数据库，并且可以直接被 Access 打开和操作。在 VB 环境下，执行"外接程序"菜单中的"可视化数据管理器"命令，即可打开如图 12-2 所示的可视化数据管理器窗口。现在创建如图 12-1 所示的学生基本情况数据库。

图 12-2 可视化数据管理器窗口

1. 建立数据库

首先在计算机的 C 盘上创建一个名为 stdata 的文件夹。在可视化数据管理器窗口中单击"文件"→"新建"命令，在其子菜单中选择"Microsoft Access、Version 7.0 MDB"后，在弹出的新建文件对话框中的对应位置设置要创建的数据库的位置和文件名（在此假设数据库文件名为 student），单击"保存"按钮，将打开如图 12-3 所示的建立数据表窗口。

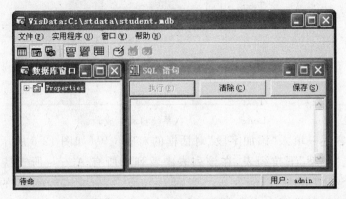

图 12-3　建立数据表窗口

2．建立数据表

在"数据库窗口"的空白处右击，在弹出的快捷菜单中单击"新建表"命令，将打开如图 12-4 所示的"表结构"对话框。

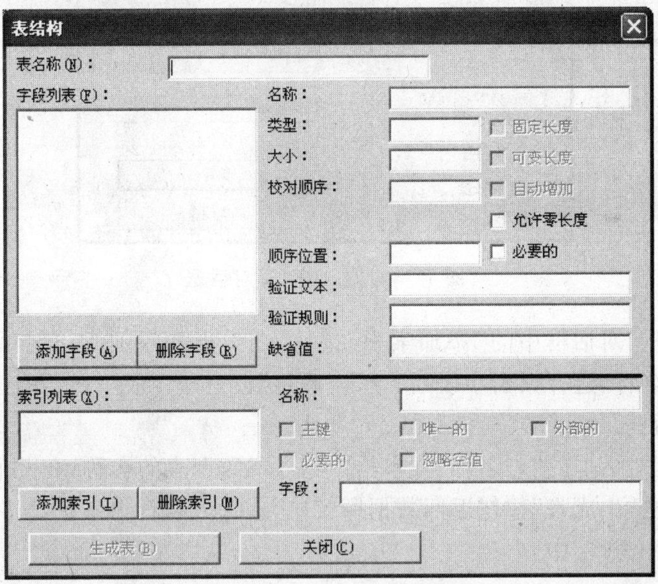

图 12-4　"表结构"对话框

在图 12-1 所示的学生基本情况表中，字段分为字段名和字段值两部分，其中所有字段名部分即数据表的表头部分又被称为数据表结构，其中的每一个字段信息包含 3 个部分：字段名、字段类型和字段长度。当用户开始建立数据表结构的时候，这些信息是需要用户一一输入的。

单击该窗口中的"添加字段"按钮，将打开"添加字段"对话框。

现在建立一个如下结构的学生表：

字段名	字段类型	字段长度
学号	Text	5
姓名	Text	8
性别	Text	2
出生年月	Date	（系统自动生成）
专业	Text	8
系别	Text	6
入学成绩	Long	（系统自动生成）

将上述内容逐一填入"添加字段"对话框的对应位置（如图 12-5 所示），在确定字段类型时，可单击"类型"下拉列表，在该列表中罗列了所有 Access 所支持的数据字段类型，当选择某个类似 Date/Time 字段类型后，系统就会自动设定该字段的长度。每输入完一次（字段名、字段类型和字段长度）内容后单击"确定"按钮，系统会将输入的内容保存于"表结构"对话框的字段列表框中。全部输入完毕后单击"关闭"按钮，返回"表结构"对话框。

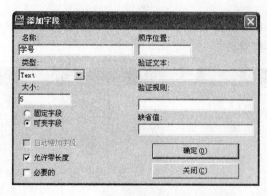

图 12-5 "添加字段"对话框

单击"表结构"对话框中的"添加索引"按钮，在弹出的添加索引对话框中（如图 12-6 所示）输入索引名称，选择索引字段后，单击"确定"按钮即完成了索引的建立过程，再次返回"表结构"对话框。

在"表结构"对话框的"表名称"文本框中输入本数据表的名称，在此假设为 basecase，输入完毕后，单击"生成表"按钮返回数据库窗口，这时可以看到系统已将数据表 basecase 加载到了"数据库窗口"中。

3. 输入数据

在"数据库窗口"中右击表（basecase）名，使用快捷菜单的"打开"命令，打开浏览数据窗口，在该窗口中，单击"添加"按钮，打开如图 12-7 所示的添加数据窗口，在各个对应的文本框中输入具体数据，然后单击"更新"按钮返回浏览数据窗口（如图 12-8 所示）。可以看到输入的数据已加载到了浏览窗口中。

若要继续输入数据，则再单击浏览数据窗口的"添加"按钮，重复同样的操作。

在浏览数据窗口中，可以对所创建的数据表同时进行编辑数据、删除数据、过滤数据、

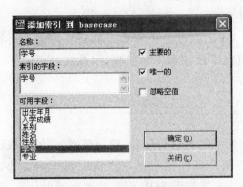

图 12-6　添加索引对话框

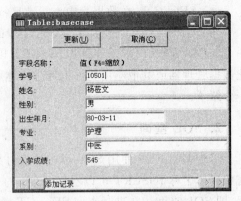

图 12-7　添加数据窗口

移动数据以及对数据进行查找等基本操作。

为了便于后面的学习，读者可以按照前面的步骤，在 student 数据库中再创建一个如图 12-9 所示的数据表（假设该表的名字为 native）。

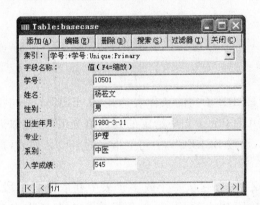

图 12-8　浏览数据窗口

学号	籍贯
10501	江苏
10603	上海
10822	上海
10723	云南
10321	福建

图 12-9　native 数据表

12.2.2　SQL 概述

SQL 是结构化查询语言（Structure Query Language）的简称，是操作数据库的工业标准语言，是一种对数据库中的数据进行组织、管理和检索的工具。在 SQL 语言中，指定要做什么而不是怎么做，因此只要使用正确的 SQL 命令，系统就会返回相应的结果。

1. SQL 常用命令

SQL 最常用的命令有以下几个。

（1）CREATE：创建新的数据表、字段和索引。在 FoxPro 等应用软件平台上可以使用该命令创建数据库。

（2）DELETE：从数据表中删除记录。

（3）INSERT：在数据表中一次插入一条记录或一个查询结果。

（4）SELECT：在数据库中查找满足特定条件的记录。

（5）UPDATE：改变特定记录和字段的值。

其中，CREATE、DELETE、INSERT 以及 UPDATE 命令所涉及的功能都能在可视化数据管理器或其他应用软件上通过具体可视化操作技术得到实现，因此在这里就不一一介绍了。

2. SQL 查询

尽管 DELETE 使用 SQL 语言可以对数据库的数据进行创建、管理等操作，但从该语言的具体名称 INSERT 可以看到，SQL 的核心部分其实是帮助用户检索到所需要的数据，即 SQL 查询。在进行查询 SELECT 操作时，只要告诉 SQL 需要对数据库做什么，就可以确切指定想要检索的记录以及按什么顺序检索。查询数据库通过使用 SELECT 语句。常见的 SELECT 语句包含 6 个部分，其语法格式为：

```
SELECT 字段名表
FROM 数据表名
[WHERE 查询条件]
[GROUP BY 分组字段]
   [HAVING 分组条件]
[ORDER BY 字段[ASC|DESC]]
```

整个 SELECT 语句的语义是根据 WHERE 子句的条件表达式，从 FROM 子句指定的数据表中找出满足条件的记录，按 GROUP BY 子句中给定的列的值分组，再提取满足 HAVING 子句中组条件表达式的那些组，再按 SELECT 子句中指定的字段名列表，选出记录中的字段值，形成结果表。

SELECT 语句可以看做记录集的定义语句，它从一个或多个表中获取指定字段，生成一个较小的记录集。下面通过一组对前面建立的 student 数据库的查询操作来学习 SELECT 语句的基本用法。

（1）选取表中部分列。例如查询学生基本情况表中的学号姓名和入学成绩：

```
SELECT 学号,姓名,入学成绩 FROM basecase
```

（2）选取表中所有列。例如查询学生基本情况表中的所有信息：

```
SELECT * FROM basecase
```

（3）简单条件查询：WHERE 子句。例如查询所有男学生的信息：

```
SELECT * FROM basecase WHERE 性别="男"
```

（4）复合条件查询。例如查询中医系入学成绩高于 560 分的学生信息：

```
SELECT * FROM basecase WHERE 系别="中医" AND 入学成绩>560
```

（5）ORDER BY 子句。例如查询学生基本情况表中的所有入学成绩高于 570 分的学生信息，并将查询结果按入学成绩降序排列（ASC 表示升序，DESC 表示降序）：

SELECT * FROM basecase WHERE 入学成绩>570 ORDER BY 入学成绩 DESC

（6）统计信息。例如查询入学成绩高于 570 分的人数、入学成绩平均分、最高分：

SELECT COUNT(*) AS 人数 FROM basecase WHERE 入学成绩>570
SELECT AVG(入学成绩) AS 平均分,MAX(入学成绩) AS 最高分 FROM basecase

（7）GROUP BY 子句。例如查询男生与女生的入学成绩平均分：

SELECT 性别,AVG（入学成绩）AS 平均分 FROM basecase GROUP BY 性别

（8）HAVING 子句。例如查询出生年月在 1980 年以后的人数大于 2 人（此处纯属举例）的系和相应人数：

SELECT 系别,COUNT(*) AS 人数 FROM basecase WHERE year(出生年月)>="1980" GROUP BY 系别 HAVING COUNT(*)>=100

（9）多表查询。例如查询学生的学号、姓名和籍贯（使用 native 表，其中包含了学生的学号、籍贯等信息）：

SELECT basecase.学号,basecase.姓名,basecase.性别,native.籍贯 FROM basecase,native WHERE basecase.学号=native.学号

3. 在可视化数据管理器中使用 SQL 查询

若数据库已被关闭，则要重新打开数据库文件：在可视化数据管理器的"文件"菜单中单击"打开数据库"→"Microsoft Access"命令，在弹出的打开文件对话框中设定打开 C 盘上 stdata 文件夹中的 student. mdb 数据库文件，单击"确定"按钮，系统在打开数据库文件的同时，将数据库中的所有数据表列入数据表窗口的数据库窗口中。

可视化数据管理器的数据表窗口内包含两个窗口：数据库窗口和 SQL 语句窗口（如图 12-3 所示）。用户可以在 SQL 窗口中使用 SQL 语句对建立的数据表进行查询。查询方法非常简单，在 SQL 窗口中输入查询语句（例如查询入学成绩高于 570 分的人数）：

SELECT COUNT(*) AS 人数 FROM basecase WHERE 入学成绩>570

单击"执行"按钮，系统会弹出"这是 SQL 查询吗？"提示框，单击"是"按钮，在接着弹出的"输入连接属性值"对话框中由于这里没有设置连接属性，故直接单击"确定"按钮，系统就会按要求输出所要的查询结果（如图 12-10 所示）。

12. 2. 3　数据访问控件与数据绑定控件

Visual Basic 使用数据库引擎来访问数据库中的数据。数据库引擎是一种专门管理数据怎样被存储和检索的软件系统。Visual Basic 使用数据库引擎来访问数据库中数据的本质是将数据库中相关数据构成一个记录集对象（Recordset），再进行相关操作。

在实际应用中，通过与数据库引擎接口的连接，Visual Basic 既可以通过代码编程的方式建立连接数据库的记录集，也可以通过使用数据访问控件和数据绑定控件的结合形

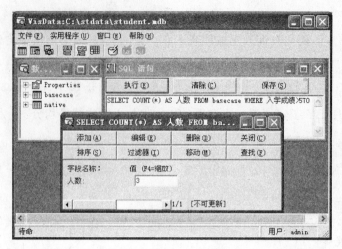

图 12-10　在可视化数据管理器中使用 SQL 查询

式建立连接数据库的记录集,其中后一种方法比较简单、直接且易于掌握,因此就从最简单处入手,介绍如何使用 Visual Basic 提供的标准控件——Data 控件来访问数据库。

1. 数据控件 Data

Data 控件提供了一种方便地访问数据库中数据的方法,使用该数据控件无需编写代码就可以对 Visual Basic 所支持的各种类型的数据库执行大部分数据的访问操作。Data 控件在工具箱中的图标如图 12-11 所示。

图 12-11　Data 控件

1) Data 控件属性

(1) Connect 属性,指定要打开的数据库源、浏览查询中生成的数据库或附加表的类型。系统默认为 Access 类型。VB 可识别的数据库类型以及与其对应的数据库文件类型有 Microsoft Access 数据库(.mdb 文件)、DBASE 数据库(.dbf 文件)、Paradox 数据库(.pdx 文件)、ODBC 数据库等。

(2) DatabaseName 属性,指定具体使用的数据库文件名,且必须包含完整的路径。

(3) RecordsetType 属性,确定记录集合类型。一个 Recordset 对象代表一个数据库表里的记录集合、运行一次查询所得的结果的记录集合。在 Data 控件中可用 3 类 Recordset 对象。

* 表类型(Table):一个记录集合,表示给出的类型是能用来添加、更新或删除记录的单个数据库表。
* 动态类型(Dynaset):系统默认的取值类型。一个记录的集合动态,表示给出的类型是一个数据库表或包含从一个或多个表取出的字段的查询结果。可从 Dynaset 类型的记录集中添加、更新或删除记录,并且任何改变都将会反映在基本表上。
* 快照类型(Snapshot):一个记录集合静态副本,可用于寻找数据或生成报告。一个快照类型的 Recordset 能包含从一个或多个在同一个数据库中的表里取出的字段,但字段不能更改。

在实际操作中使用什么类型的记录集关键取决于要完成的任务。表类型的记录集已建立了索引,适合快速定位与排序,但占用内存资源很大。动态集类型的记录集则适合更新数据,但其搜索速度不及表类型。快照类型的记录集占用内存资源较小,适合显示只读数据。

(4) RecordSource 属性,确定通过数据控件访问的记录源,具体可以是数据表、或 SQL 的查询结果。

(5) BOFAction 和 EOFAction 属性,决定 Data 控件访问的记录集到达记录的起始位置(第一条记录的前面位置)或者到达最末位置(最后一条记录的后面位置)要采取的操作。

(6) ReadOnly 属性,用于控制能否对记录集提供只读访问。当属性值为 True 时打开数据库以供只读访问,不允许修改数据。属性值为 False 时打开数据库以供读写访问。

2) Data 控件方法

(1) Refresh 方法

可以在数据控件上使用 Refresh 方法来打开或重新打开数据库(如果 DatabaseName、ReadOnly 或 Connect 属性的设置值发生改变)。

(2) UpdateControls 方法

此方法用于从数据控件的 Recordset 对象中读取当前记录,并将数据显示在相关绑定控件上。

(3) UpdateRecord 方法

当绑定控件的内容改变时,如果不移动记录指针,则数据库中的值不会改变,可通过调用 UpdateRecord 方法来确认对记录的修改,将绑定控件中的数据强制写入数据库。

3) Data 控件事件

(1) Reposition 事件

当数据控件中移动记录指针改变当前记录时触发该事件。

(2) Validate 事件

如果移动数据控件中记录指针,并且绑定控件中的内容已被修改,则数据库当前记录的内容将被更新,同时触发该事件。

4) 使用 Recordset 对象连接与访问数据库的记录

(1) Move 方法

使用 Move 方法遍历整个记录集中的记录。Move 方法如下:

MoveFirst 或 MoveLast 方法,移至第一个或最后一个记录。

MoveNext 或 MovePrevious 方法,移至下一个或上一个记录。

Move [n] 方法,向前或向后移 n 个记录,n 为指定的数值。

(2) Find 方法

可在指定的 Dynaset 或 Snapshot 类型的 Recordset 对象中查找与指定条件相符的一个记录,并使之成为当前记录。4 种 Find 方法如下:

FindFirst 或 FindLast 方法,找到满足条件的第一个或最后一个记录。

FindNext 或 FindPrevious 方法,找到满足条件的下一个或上一个记录。

4 种 Find 方法的语法格式相同,即:

数据集合.Find方法 条件

（3）Seek 方法

使用 Seek 方法可在 Table 表中查找与指定索引规则相符的第一个记录,并使之成为当前记录。其语法格式为:

数据表对象.Seek comparison,key1,key2,…

（4）Refresh 方法

如果在设计状态没有为打开数据库控件的有关属性全部赋值,或当 RecordSource 在运行时被改变,则必须使用激活数据控件的 Refresh 方法激活这些变化。

例如:

```
Data1.DatabaseName="C:\stdata\student.mdb"
Data1.RecordSource="basecase"
Data1.Refresh
```

（5）Close 方法

关闭指定的数据库、记录集并释放分配给它的资源,其语法格式为:

对象.Close

（6）AddNew 方法

向数据库中添加记录的步骤如下:

首先调用 AddNew 方法,打开一个空白记录。

然后通过相关约束控件给各字段赋值。

最后单击数据控件上的箭头按钮,移动记录指针,或调用 UpdateRecord 方法确定所做添加。

（7）Delete 方法

删除数据库中记录的步骤如下:

首先将要删除的记录定位为当前记录。

然后调用 Delete 方法。

最后移动记录指针,确定所做删除操作。

（8）Edit 方法

编辑数据库中记录的步骤如下:

首先将要修改的记录定位为当前记录。

然后调用 Edit 方法。

接着通过相关约束控件修改各字段值。

最后移动记录指针,确定所做编辑操作。

2. 数据绑定控件

使用 Data 控件连接到数据库以后,就可以创建基本的用户界面来显示数据。Data

控件本身不能显示和直接修改记录,只能在与数据控件相关联的数据绑定控件中显示各个记录。Data 控件对数据库记录的操作有时相当于一个记录指针,可以通过单击其左右两边的箭头按钮移动这个指针来选择当前记录。如果修改了被绑定的控件中的数据,只要移动记录指针,就会将修改后的数据自动写入数据库。

可以作为数据绑定控件的标准控件有 8 种:文本框、标签、图片框、图像框、检查框、列表框、组合框、OLE 控件。

以下是两个数据绑定控件的重要属性。

(1) DataSource 属性,通过指定一个有效的数据控件以连接一个数据库。

(2) DataField 属性,把当前的数据绑定控件捆绑到数据库特定的字段。

一般来说,凡是具有 DataSource 属性的控件都可以成为数据绑定控件,它们都能够直接通过数据控件使用数据库中的数据。

【例 12-1】 建立一个简单的数据库访问程序。设计程序步骤如下:

(1) 创建一个新的标准 EXE 工程。

(2) 在窗体上放置一个 Data 控件。

(3) 如图 12-12 所示,在窗体上同时放置 7 个标签和 7 个文本框(作为与数据库连接之用)。

(4) 设置 Data 控件的 DataBaseName 属性为 C:\stdata\student.mdb。

(5) 在 Data 控件的 RecordSource 属性的下拉列表中选择 basecase 表名。

(6) 设置文本框 Text1~Text7 的 DataSource 属性为 Data1。

(7) 在文本框 Text1 的属性窗口的 DataField 属性栏的下拉列表中为文本框 Text1 选择"学号"字段;依次为文本框 Text2 选择"姓名"字段;……为文本框 Text7 选择"入学成绩"字段。

(8) 运行程序可以看到运行结果如图 12-13 所示。

图 12-12 Data 控件应用程序界面

图 12-13 程序运行结果

可以单击 Data 空间控件最左边的箭头移动到数据库的第一条记录,单击最右边的箭头移动到数据库的最后一条记录,中间两个箭头分别移动到前一条记录或后一条记录;若要修改记录数据,只需将该条记录显示在窗口中,然后在该记录的数据所对应的文本框中直接修改数据。由于这是直接对于数据库的记录进行操作,因此所做的任何修改都会直接影响到数据库的数据。

可以看到,使用数据控件对于数据表数据的最基本的操作,只需通过用户界面的设置而无需编写任何代码就可以达到目的。但若需要使应用程序具有更强的功能,比如可以往数据表中添加数据或删除数据,可以方便地、快速地检索数据库中的记录等,就需要自己动手写一些代码,而所要写的代码的关键部分则是上面介绍过的 Data 控件的属性设置与方法调用。

【例 12-2】 建立一个具有添加或删除数据等功能的数据库访问程序。程序设计步骤如下:

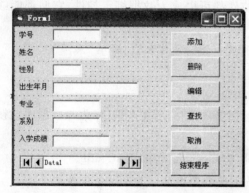

图 12-14　具有增强功能的数据库
访问程序用户界面

(1) 在例 12-1 的用户界面的基础上,再在窗体上放置 6 个命令按钮,各命令按钮的 Caption 属性设置如图 12-14 所示。

(2) 编写各命令按钮单击事件代码。

① 添加按钮事件程序

用户一旦单击"添加"按钮,系统便会清空所有的文本框,等待用户输入数据;此时"添加"按钮会变成"确认"按钮;其他除"取消"与"结束程序"按钮之外均暂时不可使用。Data1. Recordset. AddNew 的作用是调用 AddNew 方法,打开一个空白记录,为新的记录准备空间;一条记录一旦输入完毕,必须使用 Update 方法予以确认,即语句 Data1. Recordset. Update 的作用,系统才会将数据正式写入数据库,否则输入将会无效。事件代码如下:

```
Private Sub Command1_Click()
  On Error Resume Next
  Command2.Enabled=Not Command2.Enabled
  Command3.Enabled=Not Command3.Enabled
  Command4.Enabled=Not Command4.Enabled
  Command5.Enabled=Not Command5.Enabled
  If Command1.Caption="添加" Then
    Command1.Caption="确认"
    Data1.Recordset.AddNew
    Text1.SetFocus
  Else
    Command1.Caption="添加"
    Data1.Recordset.Update
  End If
End Sub
```

② 删除按钮事件

删除记录的操作必须先使要删除的记录为当前记录,然后单击"删除"按钮。事件代码如下:

```
Private Sub Command2_Click()
  On Error Resume Next
  Data1.Recordset.Delete
  Data1.Recordset.MoveNext
  If Data1.Recordset.EOF Then Data1.Recordset.MoveLast
End Sub
```

③ 编辑按钮事件

编辑事件的功能与"添加"事件比较相似:将要修改的记录设置为当前记录后,单击"编辑"按钮,此时"编辑"按钮会变成"确认"按钮;其他除"取消"与"结束程序"按钮之外均暂时不可使用。一旦数据完毕,同样必须使用"Update"方法予以确认。

```
Private Sub Command3_Click()
On Error Resume Next
  Command1.Enabled=Not Command1.Enabled
  Command2.Enabled=Not Command2.Enabled
  Command4.Enabled=Not Command4.Enabled
  Command5.Enabled=Not Command5.Enabled
  If Command3.Caption="编辑" Then
    Command3.Caption="确认"
    Data1.Recordset.Edit
    Text1.SetFocus
  Else
    Command3.Caption="编辑"
    Data1.Recordset.Update
  End If
End Sub
```

④ 查找按钮事件

单击"查找"按钮,将进入第二窗体,将查找的主要功能都放在 Form2 中:

```
Private Sub Command4_Click()
  Form2.Show
  Form1.Hide
End Sub
```

⑤ 取消按钮事件

单击"取消"按钮,无论何时,不对数据库的记录做任何操作,恢复所有按钮的初始状态。

```
Private Sub Command5_Click()
  On Error Resume Next
  Command1.Caption="添加": Command3.Caption="编辑"
```

```
    Command1.Enabled=True : Command2.Enabled=True
    Command3.Enabled=True : Command4.Enabled=True
    Command5.Enabled=False
    Data1.UpdateControls
    Data1.Recordset.MoveLast
End Sub
```

⑥ 当数据控件中移动记录指针改变当前记录时显示当前记录的记录号。

```
Private Sub Data1_Reposition()
    Data1.Caption=Data1.Recordset.AbsolutePosition + 1
End Sub
```

⑦ 单击最后一个命令按钮,卸载所有窗体,结束程序的运行:

```
Private Sub Command6_Click()
    Unload Form2
    Unload Me
End Sub
```

(3) 添加窗体(Form2),在窗体 2 上放置一个 Data 控件、两个标签、一个组合框一个命令按钮以及一个网格(MSFlexGrid)控件。程序界面如图 12-15 所示。

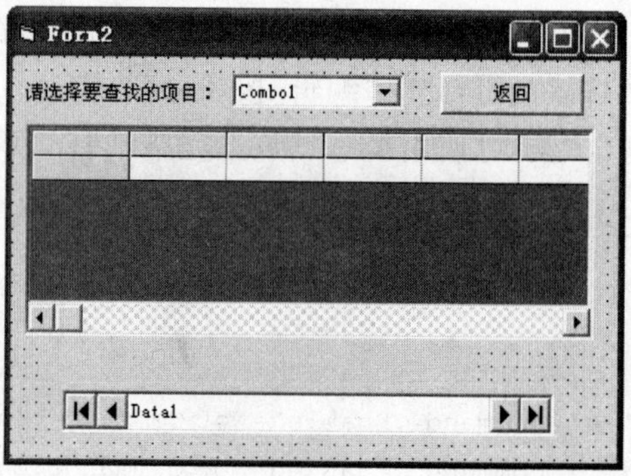

图 12-15　查找功能窗体程序设计界面

设置各个控件对象的属性如表 12-1 所示。

表 12-1　各控件对象的属性

对象及对象名	属 性 名	属 性 值
数据控件 Data1	DatabaseName	C:\stdata\student. mdb
数据控件 Data1	RecordSource	basecase
数据控件 Data1	Visible	False
组合框 Combo1	Style	2(Dropdown List)
标签 Label1	Caption	请选择要查找的项目:
标签 Label2	Caption	(清空)
命令按钮 Command1	Caption	返回
网格控件 MSFlexGrid1	DataSource	Data1
网格控件 MSFlexGrid1	Visible	False

窗体 2 所实现的查找功能,主要使用 SQL 语句,在程序运行时对数据控件使用 SQL 语句。用户提出一个查询,数据库返回所有与该查询匹配的记录。如前所述,数据控件的 RecordSource 属性除了可以设置成表名外,还可以设置为一条 SQL 语句,格式如下:

数据控件.RecordSource="SQL 语句"

(4) 在当前的程序代码中,首先在窗体加载事件中加载列表框的项目和设置网格控件各列的宽度。

```
Private Sub Form_Load()
  Combo1.AddItem"学号"
  Combo1.AddItem"姓名"
  Combo1.AddItem"性别"
  Combo1.AddItem"出生年月"
  Combo1.AddItem"专业"
  Combo1.AddItem"系别"
  Combo1.AddItem"入学成绩"
  MSFlexGrid1.ColWidth(0)=1
  MSFlexGrid1.ColWidth(1)=650
  MSFlexGrid1.ColWidth(2)=800
  MSFlexGrid1.ColWidth(3)=600
  MSFlexGrid1.ColWidth(4)=1200
  MSFlexGrid1.ColWidth(5)=600
  MSFlexGrid1.ColWidth(6)=600
  MSFlexGrid1.ColWidth(7)=800
End Sub
```

用户若要查询所有男同学的记录,首先应在列表框中选择"性别"项目,然后在弹出的输入框中输入"男",系统将在网格控件中输出所有满足条件的记录。在此编写列表框单击事件代码如下:

```
Private Sub Combo1_Click()
  Dim s1 As String
  s1=Combo1.Text
  If s1="全部" Then
    Data1.RecordSource="select * from basecase"
  Else
    mno=InputBox$ ("请输入" & s1, "查找")
    Data1.RecordSource="select * from basecase where   basecase." & s1 & "='"& mno &"'"
  End If
    Data1.Refresh
    MSFlexGrid1.Visible=True
    Label2.Caption="共有" & Data1.Recordset.RecordCount & "条记录"
End Sub
```

用户单击命令按钮,则返回窗体1,代码如下:

```
Private Sub Command1_Click()
  Form1.Show
  Form2.Hide
End Sub
```

窗体 2 程序运行结果如图 12-16 所示。

图 12-16　查找功能窗体程序运行结果

【例 12-3】　使用 SQL 进行数据库多表查询。程序设计步骤如下：

(1) 在窗体上放置一个 Data 控件、4 个标签、4 个文本框，如图 12-17 所示。

(2) 设置 Data1 的 DatabaseName 属性为 C:\stdata\student.mdb。

(3) 设置 Data1 的 RecordSource 属性为 basecase。

(4) 设置文本框 Text1 的 DataSource 属性为 Data1、DataField 属性为"学号"。

(5) 设置文本框 Text2 的 DataSource 属性为 Data1、DataField 属性为"姓名"。

(6) 设置文本框 Text3 的 DataSource 属性为 Data1、DataField 属性为"性别"。

(7) 设置 Data1 的 RecordSource 属性为 native。

(8) 设置文本框 Text3 的 DataSource 属性为 Data1、DataField 属性为"籍贯"。

(9) 编写如下程序代码便实现了最简单的多表查询。

```
Private Sub Form_Load()
  Dim mpath As String
  Data1.RecordSource ="SELECT basecase.学号,basecase.姓名,basecase.性_别,
native.籍贯 FROM basecase,native WHERE basecase.学号=native.学号"
  End Sub
  Private Sub Data1_Reposition()
    Data1.Caption=Data1.Recordset.AbsolutePosition+1
End Sub
```

程序运行结果如图 12-18 所示。

图 12-17　多表查询程序设计界面

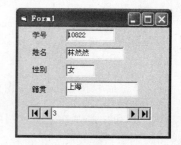

图 12-18　多表查询程序运行界面

　　Visual Basic 程序设计应用教程(第二版)

12.3　使用 ADO ActiveX 控件

Microsoft ADO(ActiveX Data Object)是 Microsoft 处理数据库信息的最新接口,它能支持"远程数据访问",是实现 Internet 数据库访问的基础。这里简单介绍 ADO 控件的使用方法。

ADO 最简单的使用方法是在一个窗体中使用新的 ADO ActiveX 控件来显示 Access 数据库中的记录和字段。按照 ADO 的工作设计方式,ADO 控件没有 DatabaseName 属性让用户直接连接到计算机中的某个数据库文件上。但是 ADO 控件具有一个 ConnectionString 属性让用户连接到计算机上某个 ActiveX 数据源。一系列的对话框会帮助用户完成这种连接,并且用户可以通过使用数据环境设计器(Data Environment Designer)在已有数据源基础上建立新的数据对象的方法来定制连接过程。

其实,ADO 控件与 Visual Basic 内置的(Data)数据控件十分相似。这里介绍如何将 ADO 控件添加到工具箱中、如何设置 ConnectionString 属性以及如何在窗体中用几个绑定控件显示数据库记录,以及 ADO 程序代码的基本用法。

12.3.1　ADO 控件的安装与使用

1. 安装 ADO 控件

ADO 控件是个 ActiveX 控件,在程序中使用该控件之前,必须首先把它添加到工具箱中。安装步骤如下:

(1) 启动 Visual Basic,打开一个新的标准 EXE 工程。

(2) 单击"工程"→"部件"命令,然后单击"控件"标签。

(3) 选中 Microsoft ADO Data Control 6.0 选项的复选框。

(4) 单击"确定"按钮将该控件添加到工具箱中。

Visual Basic 在工具箱中增加该控件,如图 12-19 所示。

现在,可以在窗体中创建 ADO 对象,用它来显示 Student. mdb 数据库中的一些记录。

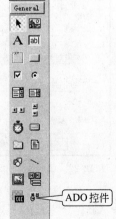

图 12-19　ADO 控件

2. 创建 ADO 对象并绑定控件

(1) 将 ADO 控件放置在窗体上,如图 12-20 所示。

可以看到,就像 Data 数据控件一样,ADO 控件用 4 个箭头创建了数据库的导航装置。程序运行时,当此对象可见并且连接到适当的数据库后,就可以单击最左边的箭头移动到数据库的第一条记录,最右边的箭头移动到数据库的最后一条记录,中间两个箭头分别移动到前一条记录或后一条记录。

（2）在 ADO 控件的上方放置 7 个文本框对象，如图 12-21 所示。

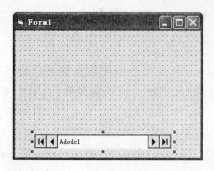
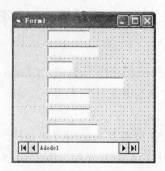

图 12-20　ADO 控件　　　　　图 12-21　ADO 程序设计界面

3. 创建数据源名称

ADO 的设计者为了将来的灵活性，要求用户完成更多的预处理步骤。用户需要通过创建一个 ActiveX 数据对象来描述将要连接到的数据库记录。当创建数据对象时，有 3 个选项：（1）创建一个 OLE DB 文件；（2）创建一个 ODBC 数据源名称（DSN）文件；（3）建立一个 OLE DB 连接字符串。这里通过使用 ADO 控件的 ConnectionString 属性来创建所需的文件。

4. 设置 ConnectionString 属性

（1）选中窗体中的 ADO 对象，在其属性窗口中单击 ConnectionString 属性字段中的

图 12-22　ConnectionString"属性页"对话框（1）

按钮。系统将会显示一个属性页对话框，如图 12-22 所示。

（2）选中对话框中的第二个单选按钮"使用 ODBC 数据资源名称"。此时将要创建一个引用 Student.mdb 数据库的数据源名称文件。创建之后，随时都可以使用这个文件。

（3）单击"使用 ODBC 数据资源名称"右边的"新建"按钮，将弹出"创建新数据源"的第一个对话框，如图 12-23 所示。

这个对话框询问用户打算如何共享在此 Visual Basic 程序中访问的数据库。

第一个选项"文件数据源（与机器无关）"表示其他计算机上的用户可以共享数据库（通过网络或 Internet）。这个选项给了用户相当大的灵活性，但对于单用户系统的数据库应用程序来说则是没有必要的。

第二个选项"用户数据源（只用于当前机器）"表示数据库只驻留正在操作的用户的物理机器上，这个数据库只由该用户或知道用户名的人来使用。在此选择第二个选项，因为

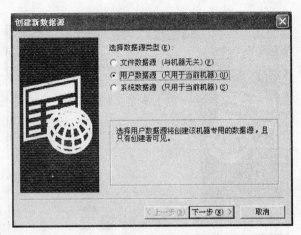

图 12-23 "创建新数据源"对话框(1)

当前我们只需给自己创建一个简单的示例。

第三个选项"系统数据源(只用于当前机器)"表示数据库驻留在用户正在工作的计算机上,那些使用该计算机并且以不同的用户名登录的人,也可以获取这个数据库(在有些 Windows 的工作站上,这是一种非常流行的工作方式)。

(4)选择第二个选项按钮"用户数据源(只用于当前机器)",然后单击"下一步"按钮,如图 12-24 所示。

图 12-24 "创建新数据源"对话框(2)

系统将提示当连接到数据库时,用户想使用哪一个数据库驱动程序。有很多种格式都可以被支持。在此选择其中的第二项:Driver do Microsoft Access(＊.mdb),单击"下一步"按钮继续。Visual Basic 将会总结用户所做的选择,并请求用户单击"完成"按钮继续配置数据源名称文件,如图 12-25 所示。

(5)单击"完成"按钮。系统打开"ODBC Microsoft Access 安装"对话框,如图 12-26 所示。该对话框让用户命名数据源名称文件、选择要连接到的数据库并且定制用户的连接。

图 12-25 "创建新数据源"对话框(3)

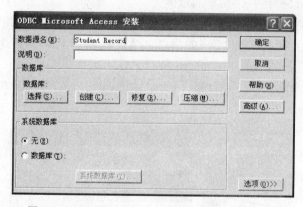

图 12-26 ODBC Microsoft Access 安装对话框(1)

(6) 在"数据源名"文本框中输入 Student Records。在后面,当在"属性页"对话框中被提示输入 DSN 文件名时,就用 Student Records。

(7) 单击"选择"按钮,浏览到目录 C:\stdata,单击 Student.mdb 数据库,如图 12-27 所示。然后单击"确定"按钮。ODBC Microsoft Access 安装对话框将如图 12-28 所示。

图 12-27 "选择数据库"对话框

图 12-28　ODBC Microsoft Access 安装对话框(2)

(8) 单击“确定”按钮关闭此对话框。“属性页”对话框将会重新打开。用户刚刚创建了一个新的 DSN 文件,因此剩下的工作只是在“使用 ODBC 数据资源名称”选项下面的下拉列表中选择 DSN 文件名称：Student Records,如图 12-29 所示。

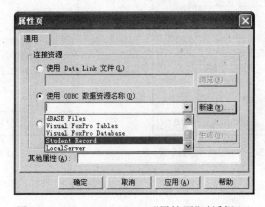

图 12-29　ConnectionString“属性页”对话框(2)

(9) 单击“属性页”对话框中的“确定”按钮完成连接。“属性页”对话框被关闭。在属性窗口中 ConnectionString 属性的右面将出现设置的内容：DSN = Student Records。

5. 将 ADO 数据绑定到文本框对象上

(1) 在 ADO 对象(Adodc1)的属性窗口中,选择 RecordSource 属性,单击 RecordSource 属性名称右边的“…”按钮,再次弹出“属性页”对话框,这一次 RecordSource 选项卡是可见的。在 ADO 编程中,可以访问比数据库连接中的数据库表更多的东西。所用的 ActiveX 对象被称为 commands(命令),因此这里应选择 Table command 类型,访问 Student.mdb 数据库中的表和 ADO 提供的其他几个表对象。

(2) 单击“命令类型”下拉列表,选择 2-adCmdTable。Visual Basic 使用 DSN 文件打开 Student.mdb 数据库,并且将表的名称加载到“表或存储过程名称”下拉列表中。

(3) 单击“表或存储过程名称”下拉列表,选择 basecase 表。此时的“属性页”对话框如图 12-30 所示。

（4）单击"确定"按钮完成 RecordSource 选择。在属性窗口中，RecordSource 属性后面将会出现表名 basecase。

（5）设置文本框 Text1～Text7 的 DataSource 属性为 Adodc1。

在文本框 Text1 的属性窗口的 DataField 属性栏的下拉列表中，为文本框 Text1 选择"学号"字段；依次为文本框 Text2 选择"姓名"字段；……为文本框 Text7 选择"入学成绩"字段。

6. 运行 ADO 控件演示程序

（1）运行程序。文本框中填充了 Student.mdb 数据库中的第一条记录。此时的窗体如图 12-31 所示。

图 12-30　RecordSource 属性页对话框

图 12-31　ADO 程序运行界面

（2）ADO 对象两边的按钮的功能及操作方式与 Data 控件是完全一致的，这里就不再赘述了。

前面已经介绍了 ActiveX 数据对象的基本用法，下面就来研究一下更有意义的主题——编写 ADO 程序代码。

12.3.2　编写 ADO 程序代码

管理 ActiveX 数据对象的事件过程是使用 ADO 方式访问数据库的数据库应用程序的核心。在很多方面，ActiveX 数据对象通过 ADO 控件显示的方法、属性和事件与 Data 控件处理的方法、属性和事件很相似。例如，两种方式下都可以通过记录集操纵信息，记录集中保存着正在处理的数据库信息。

1. 更新程序设计界面

当前的窗体中仍然有一个 ADO 对象和 7 个文本框，现在在 7 个文本框的左边添加一个具有 7 个元素的标签数组(Label1())、一个标签 Label2 和 3 两个命令按钮，清空标签数组元素所有的 Caption 属性并将 ADO 控件的 Visible 属性设置为 False。此时应用程序设计界面如图 12-32 所示。

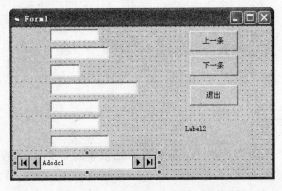

图 12-32　更新后的程序设计界面

2. 在代码窗口中编写 Form_Load 事件过程

具体代码如下：

```
'用字段名称填充标签数组
Private Sub Form_Load()
  For I=0 To Adodc1.Recordset.Fields.Count-1
    Label1(I).Caption=Adodc1.Recordset.Fields(I).Name
  Next I                                              '显示记录的总数
  Label2.Caption="总记录数为:"& Adodc1.Recordset.RecordCount
End Sub
```

Form_Load 事件过程完成了两项工作。它把 Students 表中的每个字段的名称添加到标签数组的每一个元素中,用第二个标签对象(Label2)显示数据库中记录的总数。这两项工作都是完全利用 ADO 对象的属性来完成的。

3. 编写"上一条"命令按钮单击事件

具体代码如下：

```
'如果不是第一条记录,则移到前一条记录
Private Sub Command1_Click()
  If Not Adodc1.Recordset.BOF Then
    Adodc1.Recordset.MovePrevious
  End If
End Sub
```

这个事件过程是为 Previous 按钮编写的代码,当用户单击它时将移动到上一条记录。如果 BOF(文件头)属性值为 True,程序将会忽略 MovePrevious 方法,因为如果当前记录已经是第一条记录,再试图移动到前一条记录将会忽略其操作。

4. 编写"下一条"命令按钮单击事件

具体代码如下：

```
'如果不是最后一条记录，则移到下一条记录
Private Sub Command2_Click()
  If Not Adodc1.Recordset.EOF Then
  Adodc1.Recordset.MoveNext
  End If
End Sub
```

这段简单的程序检验 EOF 属性，如果当前记录不是数据库中的最后一条记录，它将通过 MoveNext 方法使 ADO 对象前进到下一条记录。在移动记录之前检验 EOF（文件末尾）属性，当 ADO 控件试图移到最后一条记录后面时将会忽略其操作。

5. "退出"命令按钮单击事件

该事件将结束程序的运行，代码如下：

```
Private Sub Command3_Click()
  Unload Me
End Sub
```

本程序的运行结果如图 12-33 所示。

图 12-33　由命令按钮控制访问数据库的程序运行界面

在这个程序中，ADO 控件通过 Adodc1 对象体现出来，它连接到数据库 Student. mdb 中的 basecase 表上。作为 Adodc1 对象的成员，RecordSet 属性在内存中保存着 basecase 表，同时它还提供了对数据和命令的访问。这个对象集并不是表中的真实数据，它只是在应用程序运行时创建的表中数据的复本。对象集可以是一个表的原样的复本，也可以是一个查询结果或其他选择操作的结果，在这里通过使用命令按钮单击事件代码控制代替 ADO 控件实现对于数据库的最简单的访问，若读者有兴趣，可以从其他的专业教科书上进一步学习 ADO 控件的更强大的功能。

习　　题

使用数据库技术进行习题图片处理的应用程序。本程序的功能是可将习题图片文件放入数据库，也可以浏览该数据库中的所有习题图片文件，通过单击滚动条滚动浏览大型习题图片，程序运行界面如图 12-34 所示。

图 12-34　程序运行界面

读者意见反馈

亲爱的读者：

感谢您一直以来对清华版计算机教材的支持和爱护。为了今后为您提供更优秀的教材，请您抽出宝贵的时间来填写下面的意见反馈表，以便我们更好地对本教材做进一步改进。同时如果您在使用本教材的过程中遇到了什么问题，或者有什么好的建议，也请您来信告诉我们。

地址：北京市海淀区双清路学研大厦 A 座 602　　　计算机与信息分社营销室 收
邮编：100084　　　　　　　　电子邮件：jsjjc@tup.tsinghua.edu.cn
电话：010-62770175-4608/4409　　　邮购电话：010-62786544

教材名称：Visual Basic 程序设计应用教程(第二版)

ISBN：978-7-302-19359-3

个人资料

姓名：＿＿＿＿＿＿＿＿＿　年龄：＿＿＿＿＿　所在院校/专业：＿＿＿＿＿＿＿＿＿＿

文化程度：＿＿＿＿＿＿＿　通信地址：＿＿＿＿＿＿＿＿＿＿＿＿＿＿＿＿＿＿＿

联系电话：＿＿＿＿＿＿＿　电子信箱：＿＿＿＿＿＿＿＿＿＿＿＿＿＿＿＿＿＿＿

您使用本书是作为： □指定教材 □选用教材 □辅导教材 □自学教材

您对本书封面设计的满意度：

□很满意 □满意 □一般 □不满意　改进建议＿＿＿＿＿＿＿＿＿＿＿＿＿＿＿

您对本书印刷质量的满意度：

□很满意 □满意 □一般 □不满意　改进建议＿＿＿＿＿＿＿＿＿＿＿＿＿＿＿

您对本书的总体满意度：

从语言质量角度看 □很满意 □满意 □一般 □不满意

从科技含量角度看 □很满意 □满意 □一般 □不满意

本书最令您满意的是：

□指导明确 □内容充实 □讲解详尽 □实例丰富

您认为本书在哪些地方应进行修改？（可附页）

＿＿＿＿＿＿＿＿＿＿＿＿＿＿＿＿＿＿＿＿＿＿＿＿＿＿＿＿＿＿＿＿＿＿＿＿＿

＿＿＿＿＿＿＿＿＿＿＿＿＿＿＿＿＿＿＿＿＿＿＿＿＿＿＿＿＿＿＿＿＿＿＿＿＿

您希望本书在哪些方面进行改进？（可附页）

＿＿＿＿＿＿＿＿＿＿＿＿＿＿＿＿＿＿＿＿＿＿＿＿＿＿＿＿＿＿＿＿＿＿＿＿＿

＿＿＿＿＿＿＿＿＿＿＿＿＿＿＿＿＿＿＿＿＿＿＿＿＿＿＿＿＿＿＿＿＿＿＿＿＿

电子教案支持

敬爱的教师：

为了配合本课程的教学需要，本教材配有配套的电子教案（素材），有需求的教师可以与我们联系，我们将向使用本教材进行教学的教师免费赠送电子教案（素材），希望有助于教学活动的开展。相关信息请拨打电话 010-62776969 或发送电子邮件至 jsjjc@tup.tsinghua.edu.cn 咨询，也可以到清华大学出版社主页（http://www.tup.com.cn 或 http://www.tup.tsinghua.edu.cn）上查询。

高等学校计算机基础教育教材精选